2.2 Potenzfunktionen

Potenzfunktionen mit positiven Exponenten

Basisaufgabe zum selbstständigen Lernen

① Wir betrachten die Funktionen $f: \mathbb{R} \to \mathbb{R}, x \mapsto x^n$ mit $n \in \mathbb{N}$, $n>1$ und unterscheiden zwei Fälle.

> Fall 1: Der Exponent n ist eine gerade Zahl.

Die Funktion $f: \mathbb{R} \to \mathbb{R}, x \mapsto x^2$ ist bereits bekannt. Ihr Schaubild ist die **Normalparabel**.

② a) Fülle die Wertetabelle aus. Runde auf zwei Nachkommastellen.

x	0	±0,2	±0,4	±0,6	±0,8	±1	±1,2
x^4							
x^6							

b) Zeichne die Normalparabel und die Graphen der Funktionen $x \mapsto x^4$ und $x \mapsto x^6$ in das Koordinatensystem.

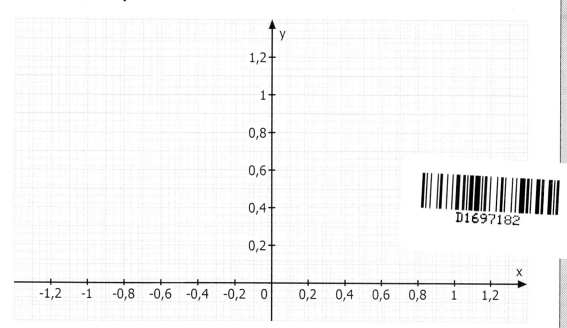

c) Vergleiche den Verlauf der drei Graphen. Gibt es gemeinsame Punkte? Wie verlaufen die Graphen im Intervall $[-1;+1]$, wie im Intervall $]-\infty;-1]$ bzw. $[+1;+\infty[$?

③ Im nachfolgenden Koordinatensystem ist der Graph von $f(x) = x^6$ im Intervall $[0;+\infty[$ gezeichnet. Skizziere in diesem Koordinatensystem mit unterschiedlichen Farben die Graphen von $f(x) = x^4$ und $f(x) = x^8$.

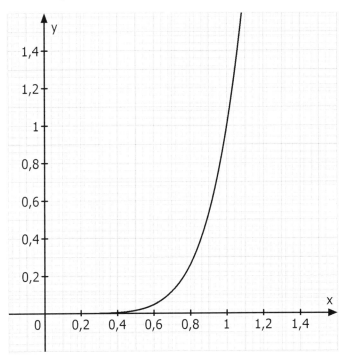

④ Ergänze den Steckbrief.

Potenzfunktionen mit positiven geraden Exponenten

① Name der Graphen: _____ n-ten Grades.

② Definitionsmenge D: $x \in$ _____

③ Wertemenge W: $y \in$ _____

④ Die Graphen sind symmetrisch zur ____ -Achse.

⑤ Gemeinsame Punkte aller Graphen: (|) ; (|) ; (|)

⑥ Monotonieintervalle:

❶ _____ ; streng monoton _____

❷ _____ ; streng monoton _____

⑦ Für $x \to +\infty$ gilt: $f(x) \to$ _____

Für $x \to -\infty$ gilt: $f(x) \to$ _____

⑤ Eine Funktion heißt **gerade**, wenn für alle $x \in D$ folgende Bedingung gilt:

$$f(x) = f(-x)$$

Der Graph einer geraden Funktion ist spiegelsymmetrisch zur y-Achse.

a) Zeige mit Hilfe der Bedingung, dass die Funktion $f(x) = x^8$ spiegelsymmetrisch zur y-Achse verläuft.

b) Ergänze: Zu jedem Punkt des Funktionsgraphen von $f(x) = x^8$ existiert ein zweiter Kurvenpunkt, der _____ symmetrisch zur _____ ist.

c) Überlege: $5\frac{1}{16}$ gehört zur Wertemenge einer Potenzfunktion 4. Grades. Bestimme die Stelle(n), zu denen dieser Wert gehört.

30. P ist der Punkt des Graphen der Potenzfunktion f mit der Funktionsgleichung $f(x) = x^6$. Bestimme zunächst die fehlende Koordinate von P, gib dann die Koordinaten des Bildpunktes P' an, der sich durch Spiegelung an der y-Achse ergibt.

a) $P(2|y)$ b) $P(1|y)$ c) $P(-1|y)$ d) $P(x|729)$

31. Prüfe, ob die Punkte auf dem Graphen der Funktion f liegen.

a) $f(x) = x^2$; $P(\frac{1}{2}|0{,}25)$ b) $f(x) = x^4$; $P(5|125)$ c) $f(x) = x^6$; $P(3|729)$

32. Wenn du einen Punkt einer Potenzfunktion kennst, dann kannst du die Funktionsgleichung angeben.

Wie heißt jeweils die Funktionsgleichung der Potenzfunktion?

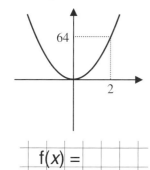
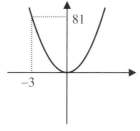
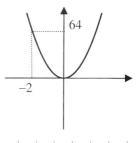

f(x) =   f(x) =   f(x) =

33. Gib die fehlenden Koordinaten an.

a) $f(x) = x^4$ und $P(6|y)$ b) $f(x) = x^8$ und $P(3|y)$

c) $f(x) = x^2$ und $P(x|\frac{1}{64})$ d) $f(x) = x^6$ und $P(x|4096)$

Basisaufgabe zum selbstständigen Lernen

① Unter **Operieren mit Funktionen** versteht man die Ausführung geometrischer Abbildungen (Spiegelungen, Streckungen, Verschiebungen) auf Funktionen mit den damit verbundenen bildhaften und algebraischen Vorstellungen.

② Zur Erinnerung: Wie erhält man aus der Normalparabel ...

  a)
  - ... die Parabel mit der Gleichung $f(x) = ax^2$?
  - ... die Parabel mit der Gleichung $f(x) = x^2 + y_0$?
  - ... die Parabel mit der Gleichung $f(x) = (x - x_0)^2$?
  - ... die Parabel mit der Gleichung $f(x) = (x - x_0)^2 + y_0$?

  b) Gegeben ist der Graph der Ausgangsfunktion mit der Funktionsgleichung $f(x) = x^2$.

Strecke die Normalparabel mit dem Faktor 2.	Verschiebe die Normalparabel um 2 in positiver x-Richtung.

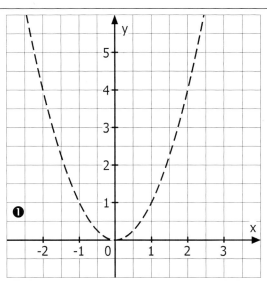
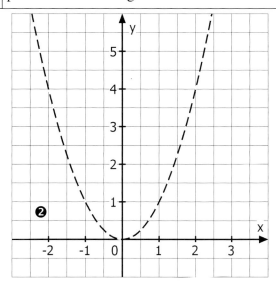

Verschiebe die Normalparabel um 1 nach rechts und um 3 nach unten ...	... und spiegele sie dann an der x-Achse.

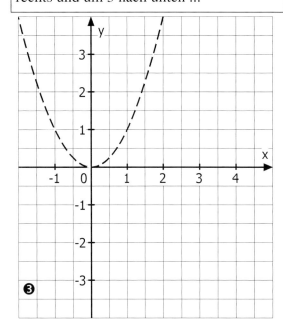
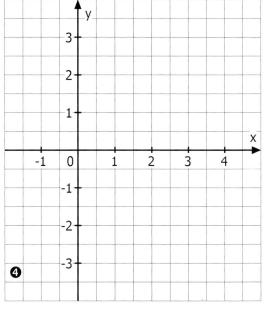

Gib zu jeder Parabel eine Gleichung an.			
❶	❷	❸	❹

34. Welche Operationen wurden durchgeführt? Gib eine Parabelgleichung an.

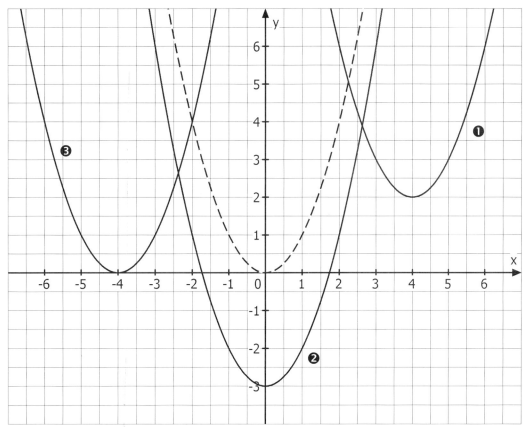

	❶	❷	❸
Parabelgleichung			

35. Wie entsteht der Graph der Funktion g aus dem Graphen der Potenzfunktion $f: x \mapsto x^n$?

Funktionsgleichung   Abbildung des Graphen von $x \mapsto x^n$ [$n \in \mathbb{Z}^+$ und n gerade]

$g(x) = x^n + y_0$

$g(x) = (x - x_0)^n$

$g(x) = (x - x_0)^n + y_0$

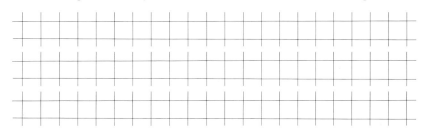

36. Beschreibe, wie der Graph der Funktion g mit der Gleichung $g(x) = 2 \cdot (x+2)^4 - 2$ aus dem Graphen der Funktion f mit $f(x) = x^4$ hervorgeht.

Bestimme den Scheitelpunkt S der Potenzfunktion g, die Nullstellen, den Schnittpunkt P mit der y-Achse und die Wertemenge W.

37. Gib jeweils eine Funktionsgleichung an.

❶ f(x) =

❷ f(x) =

❸ f(x) =

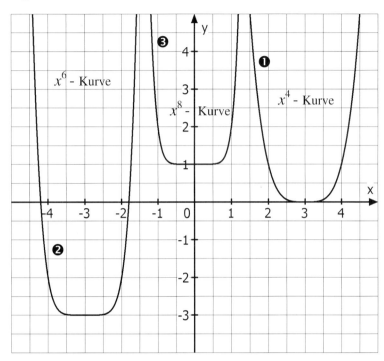

38. Die Abbildung zeigt drei Graphen von Potenzfunktionen gerader Ordnung. Kreuze die passenden Gleichungen an und ordne sie den Graphen zu.

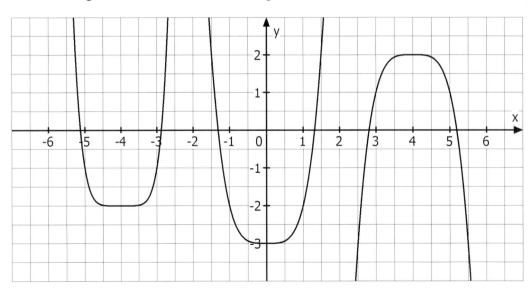

☐ $f(x) = x^6 - 2$ ☐ $f(x) = x^4 - 3$ ☐ $f(x) = (x+4)^4$

☐ $f(x) = (x+4)^6 - 2$ ☐ $f(x) = -x^4 - 3$ ☐ $f(x) = -(x+4)^4 + 2$

☐ $f(x) = (x-4)^6$ ☐ $f(x) = (x-3)^4$ ☐ $f(x) = -(x-4)^4 + 2$

2 Funktionen

39. a) Die Parabel mit der Gleichung $f(x) = x^6$ wird um 2 Einheiten nach links und dann um 1 nach unten verschoben. Gib eine Gleichung der verschobenen Parabel an.

b) Spiegele die verschobene Parabel an der x-Achse. Gib eine Gleichung an.

40. Die Parabel mit der Gleichung $f(x) = x^4$ ist nach Ausführung geometrischer Abbildungen in die dargestellte Lage gebracht worden. Gib die Abfolge der geometrischen Abbildungen an, die auf die Parabel angewandt wurden und gib jeweils eine Gleichung dieser Parabel an.

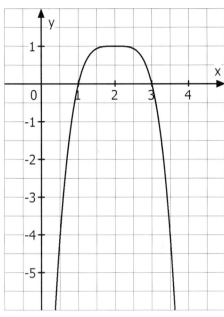

$f(x) = x^4$

(1)

Gleichung:

(2)

Gleichung:

(3)

Gleichung:

[A-Kurs]

Basisaufgabe zum selbstständigen Lernen

① Peter soll zu einer Potenzfunktion f **Stellen** x bestimmen, an denen die **Funktionswerte** $f(x)$ gegeben sind.

Gegeben ist die Potenzfunktion $f(x) = x^4$.

a) Für welche Stellen x gilt: $f(x) = 1$? Stelle eine Potenzgleichung auf und bestimme x.

b) $f(x) = 8$

Stelle eine Potenzgleichung auf. Zwischen welchen ganzen Zahlen liegen die gesuchten Stellen x?

c) $f(x) = 0$

Stelle eine Potenzgleichung auf und bestimme x.

d) Peter behauptet, dass es keine Stellen x gibt, für die gilt $f(x) = -1$.

Begründe zeichnerisch.

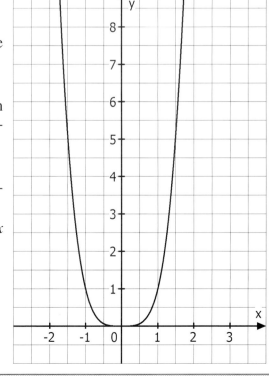

41. Bestimme die fehlende Koordinate. Runde gegebenenfalls auf eine Nachkommastelle.

a) $f(x) = x^6$ und $P(x|64)$ b) $f(x) = x^4$ und $P(x|6)$ c) $f(x) = x^4$ und $P(x|4)$

42. Gegeben ist die Potenzfunktion f mit der Gleichung $f(x) = -(x-2)^4 + 3$.

Du sollst mit Hilfe einer Schablone für $y = x^4$ den Graph der obigen Funktion zeichnen. Wie gehst du vor?
Für welche Stellen x gilt $f(x) = 2$?
Wo schneidet der Graph die y-Achse?

43. Gegeben ist die Potenzfunktion f mit der Gleichung $f(x) = (x+2)^4 - 1$.

$x = -3$ ist eine Nullstelle. Bestimme die zweite Nullstelle ohne zu rechnen. Begründe.

44. Gegeben ist die Potenzfunktion f mit der Gleichung $f(x) = (x-3)^6 + 3$.

Gib die Monotonieintervalle der Funktion an. Begründe, dass die Funktion keine Nullstellen hat.

Basisaufgabe zum selbstständigen Lernen

① Wir betrachten die Funktionen $f: \mathbb{R} \to \mathbb{R}, x \mapsto x^n$ mit $n \in \mathbb{Z}^+$ und $n > 1$.

| Fall 2: Exponent n ist eine ungerade Zahl. |

② a) Fülle die Wertetabelle aus. Runde auf zwei Nachkommastellen.

x	-2	-1,5	-1	-0,5	0	0,5	1	1,5
x^3								
x^5								

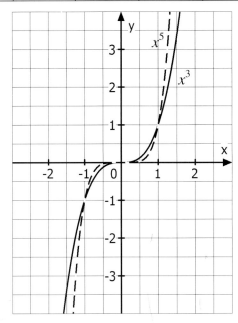

b) Vergleiche den Verlauf der beiden Graphen. Gibt es gemeinsame Punkte? Wie verlaufen die Graphen im Intervall [−1;+1], wie im Intervall]−∞;−1] bzw. [+1;+∞[?

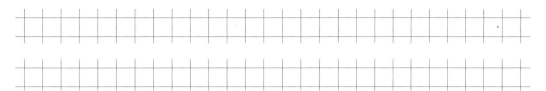

③ Ergänze den Steckbrief.

Potenzfunktionen mit positiven ungeraden Exponenten

① Name der Graphen: _____ n-ten Grades.

② Definitionsmenge D: x ∈ _____

③ Wertemenge W: y ∈ _____

④ Die Graphen sind symmetrisch zum _____.

⑤ Gemeinsame Punkte aller Graphen: (|) ; (|) ; (|)

⑥ Monotonie:
  • Streng monoton _____ in _____

⑦ Für x → +∞ gilt: f(x) → _____
  Für x → −∞ gilt: f(x) → _____

④ Eine Funktion heißt **ungerade**, wenn für alle $x \in D$ folgende Bedingung gilt:

$$f(x) = -f(-x)$$

Der Graph einer ungeraden Funktion ist punktsymmetrisch zum Ursprung.

a) Zeige mit Hilfe der Bedingung, dass die Funktion $f(x) = x^5$ punktsymmetrisch zum Ursprung ist.

b) Ergänze: Zu jedem Punkt des Funktionsgraphen existiert somit ein zweiter Kurvenpunkt, der _____ symmetrisch zum _____ ist.

c) Überlege: $7\frac{19}{32}$ gehört zur Wertemenge einer Potenzfunktion 5. Grades. Bestimme die Stelle x, zu dem dieser Wert gehört.

45. Prüfe, ob die Punkte auf dem Graphen der Funktion f liegen.

a) $f(x) = x^3$ und $P(5|125)$ b) $f(x) = x^5$ und $P(\frac{1}{10}|0,00001)$ c) $f(x) = x^7$ und $P(2|128)$

46. Gib die fehlenden Koordinaten an.

a) $f(x) = x^3$ und $P(\frac{4}{5}|y)$

b) $f(x) = x^9$ und $P(1|y)$

c) $f(x) = x^5$ und $P(x|243)$

d) $f(x) = x^7$ und $P(x|\frac{1}{128})$

47. Gegeben ist die Parabel dritten Grades mit der Gleichung $f(x) = x^3$. Welche Operationen wurden durchgeführt? Gib jeweils eine Gleichung an.

❶ $f(x) =$

❷ $f(x) =$

❸ $f(x) =$

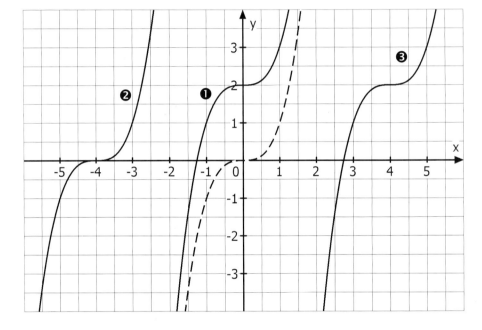

48. Gegeben ist der Graph von f mit der Funktionsgleichung $f(x) = x^3$.

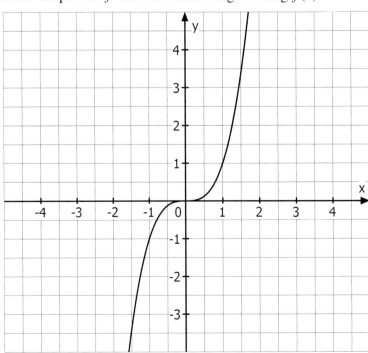

2 Funktionen

Der Graph der Potenzfunktion $f: x \mapsto x^3$ wird verschoben. Zeichne die Graphen von g, die durch die folgenden Verschiebungen bzw. Spiegelung hervorgehen. Gib jeweils die Funktionsgleichung von g an.

a) Verschiebung um 4 in positiver x-Richtung g(x) =

b) Verschiebung um 2 in negativer y-Richtung g(x) =

c) Verschiebung um 4 in negativer x-Richtung und um 3 in positiver y-Richtung g(x) =

d) Spiegeln an der x-Achse g(x) =

49. Die Parabel ungerader Ordnung mit der Gleichung $f(x) = x^3$ wird um 2 nach links und dann um 1 nach unten verschoben. Gib eine Gleichung der verschobenen Parabel an.

50. Die Parabel mit der Gleichung $f(x) = x^3$ ist nach Ausführung geometrischer Abbildungen in die dargestellte Lage gebracht worden.

Gib die Abfolge der geometrischen Abbildungen an, die auf die Parabel mit der Gleichung $f(x) = x^3$ angewandt wurden und gib eine Gleichung dieser Parabel an.

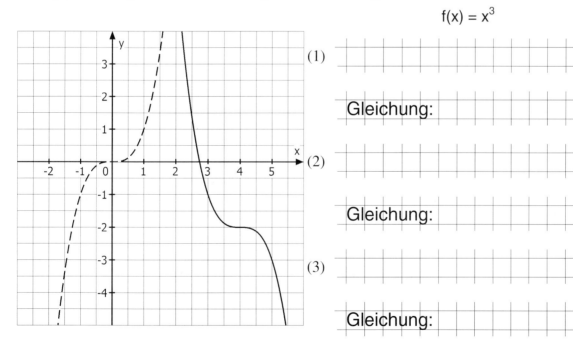

51. Gegeben ist die Potenzfunktion f mit der Gleichung $f(x) = x^3$.

a) Bestimme die Stelle x, für die gilt: $f(x) = -1$. Stelle die dazugehörige Potenzgleichung auf und löse sie rechnerisch.

Wie kannst du die Lösung am Graphen ablesen?

b) Bestimme die Stelle *x*, für die gilt: $f(x) = \frac{27}{8}$.

Stelle die dazugehörige Potenzgleichung auf und löse sie rechnerisch. Wie kannst du die Lösung am Graphen ablesen?

52. Gegeben ist die Potenzfunktion *f* mit der Gleichung $f(x) = (x+3)^3 - 1$.
    a) Überprüfe, ob der Graph von *f* die *x*-Achse an der Stelle –2 schneidet.
    b) Bestimme den Schnittpunkt mit der *y*-Achse.

① Für welche Exponenten *n* ist der Graph der Potenzfunktion $f(x) = x^n$ symmetrisch ....
   • ... zur *y*-Achse?   ☹ 😐 ☺
   • ... zum Ursprung des Koordinatensystems?

② Für welche Exponenten *n* verläuft der der Graph der Potenzfunktion $f(x) = x^n$ durch die Punkte ...   ☹ 😐 ☺
   • ... $P(1|1)$; $Q(-1|-1)$ und $S(0|0)$?
   • ... $P(1|1)$; $Q(-1|1)$ und $S(0|0)$?

③ a) Wie lauten die geometrischen Abbildung, die auf die Parabel mit der Gleichung $f(x) = x^5$ angewandt wurden? Gib eine Gleichung an.

   b) Wie lauten die geometrischen Abbildung, die auf die Parabel mit der Gleichung $f(x) = x^6$ angewandt wurden? Gib eine Gleichung an.   ☹ 😐 ☺

a) 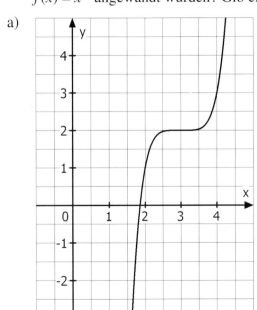   b)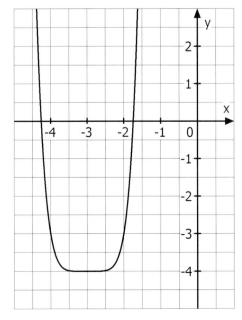

Potenzfunktionen mit negativen Exponenten

Basisaufgabe zum selbstständigen Lernen

① Wir betrachten die Funktionen $f: \mathbb{R}\setminus\{0\} \to \mathbb{R}, x \mapsto x^{-n}$ mit $n \in \mathbb{N}\setminus\{0\}$.

> Fall 1: Der Exponent n ist eine ungerade Zahl.

② Gegeben sind die Funktionen: $f: \mathbb{R}\setminus\{0\} \to \mathbb{R}, x \mapsto x^{-1}$ $[x \mapsto \frac{1}{x}]$

$g: \mathbb{R}\setminus\{0\} \to \mathbb{R}, x \mapsto x^{-3}$ $[x \mapsto \frac{1}{x^3}]$

Fülle die Wertetabelle aus. Runde auf zwei Nachkommastellen.

x	-2	-1,5	-1	-0,5	0	0,5	1	1,5	2
x^{-1}									
x^{-3}									

Der Graph von f (G_f) ist bereits dargestellt; zeichne den Graphen von g soweit wie möglich in das KOS und untersuche seinen Verlauf im Vergleich zum Graphen von f.

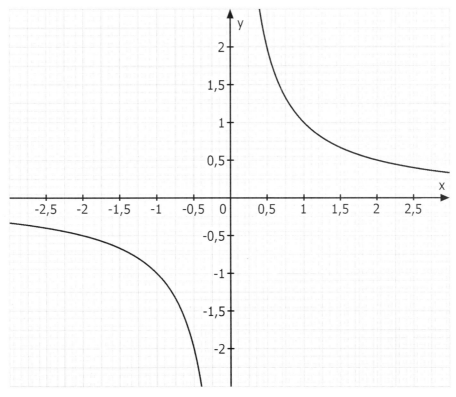

③ Wir erkennen:
a) Der Graph zu $x \mapsto x^{-3}$ hat **dieselbe** _____ wie der Graph zu $x \mapsto x^{-1}$.

Graphen von Funktionen der Form $f(x) = x^{-n} = \frac{1}{x^n}$ mit $n \in \mathbb{N}\setminus\{0\}$, n ungerade, heißen **Hyperbeln ungerader Ordnung**.

b) Hyperbeln ungerader Ordnung haben die *x*-Achse als waagerechte und die *y*-Achse als senkrechte **Asymptote**, d. h.

Die Funktionsgraphen kommen den Koordinatenachsen _____ nahe, ohne sie zu _____ .

④ Ergänze den Steckbrief.

Potenzfunktionen mit negativen ungeraden Exponenten

① Name der Graphen: _____ ungerader Ordnung.

② Definitionsmenge D: x ∈ _____ Definitionslücke bei x = __

③ Wertemenge W: y ∈ _____

④ Die Graphen sind punktsymmetrisch zum _____.

⑤ Gemeinsame Punkte aller Graphen: (|) ; (|)

⑥ Die Graphen bestehen aus _____ Ästen. Der erste Ast liegt im _____ Quadranten, der zweite Ast im _____ Quadranten.

⑦ Monotonieintervalle:

❶ _____ ; streng monoton _____

❷ _____ ; streng monoton _____

⑧ • Für x von **rechts** gegen Null gilt: f(x) → _____

• Für x von **links** gegen Null gilt: f(x) → _____

⑨ • Für x → +∞ gilt: f(x) → _____ .

• Für x → -∞ gilt: f(x) → _____ .

⑩ Die x-Achse ist die _____ Asymptote,

die y-Achse ist die _____ Asymptote.

---

53. Zeige mit Hilfe der Bedingung $f(x) = -f(-x)$, dass alle Funktionen der Form $f(x) = x^{-n} = \dfrac{1}{x^n}$ mit $n \in \mathbb{N}\setminus\{0\}$, n ungerade, punktsymmetrisch zum Ursprung sind.

54. Prüfe, ob die Punkte auf dem Graphen der Funktion *f* liegen.

a) $f(x) = x^{-3}$; $P(2|\dfrac{1}{8})$ b) $f(x) = x^{-5}$; $P(\dfrac{1}{5}|3125)$ c) $f(x) = x^{-1}$; $P(10|0{,}01)$

2 Funktionen

55. Gib die fehlenden Koordinaten an. Gib dann jeweils die Koordinaten der Bildpunkte an, die durch Spiegelung am Ursprung des Koordinatensystems entstehen.

a) $f(x) = x^{-1}$; $P(4|y)$; $P'(\quad|\quad)$
b) $f(x) = x^{-3}$; $P(-1|y)$; $P'(\quad|\quad)$

c) $f(x) = x^{-5}$; $P(x|-32)$; $P'(\quad|\quad)$
d) $f(x) = x^{-7}$; $P(x|\frac{1}{2187})$; $P'(\quad|\quad)$

56. Die abgebildeten Graphen sind durch Verschiebung des Graphen der Funktion $f(x) = x^{-1}$ entstanden. Ergänze die Tabellen.

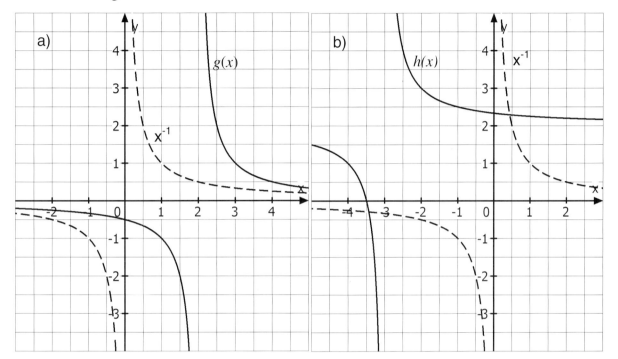

a)

Verschiebung	
Funktionsgleichung	g(x) =
Asymptoten	x = _____ ; y = _____
Definitionsbereich	
Wertebereich	
Symmetrie	

b)

Verschiebung	
Funktionsgleichung	h(x) =
Asymptoten	x = _____ ; y = _____
Definitionsbereich	
Wertebereich	
Symmetrie	

57. Gegeben ist der Graph von f mit der Funktionsgleichung $f(x) = x^{-1}$.

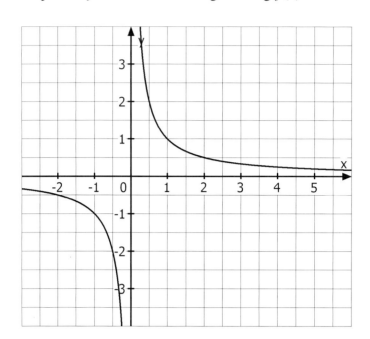

Der Graph der Potenzfunktion $f: x \mapsto x^{-1}$ wird verschoben. Zeichne (Skizziere) mit unterschiedlichen Farben die Graphen von g, die durch die folgenden Verschiebungen hervorgehen. Gib jeweils die Funktionsgleichungen von g, die Gleichungen der Asymptoten, die Definitionslücke und die Wertemenge W an.

a) Verschiebung um 2 in negativer x-Richtung

$g(x) =$

Asymptote: $x =$ _____ Asymptote: $y =$ _____

Definitionslücke bei $x =$ _____ Wertemenge $W =$ _____

b) Verschiebung um 2 in negativer y-Richtung

$g(x) =$

Asymptote: $x =$ _____ Asymptote: $y =$ _____

Definitionslücke bei $x =$ _____ Wertemenge $W =$ _____

c) Verschiebung um 1,5 in positiver x-Richtung und um 3 in positiver y-Richtung

$g(x) =$

Asymptote: $x =$ _____ Asymptote: $y =$ _____

Definitionslücke bei $x =$ _____ Wertemenge $W =$ _____

2 Funktionen

58. Die Abbildung zeigt verschobene Graphen der Potenzfunktion $f(x) = x^{-1}$. Gib jeweils die Funktionsgleichung an.

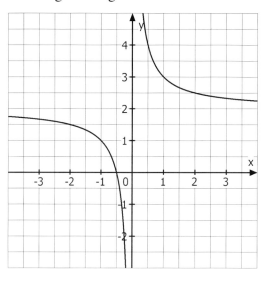
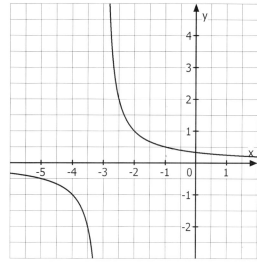

g(x) = \hspace{4cm} h(x) =

Basisaufgabe zum selbstständigen Lernen

① Wir betrachten die Funktionen $f: \mathbb{R}\setminus\{0\} \to \mathbb{R}, x \mapsto x^{-n}$ mit $n \in \mathbb{N}\setminus\{0\}$.

> Fall 2: Der Exponent n ist eine gerade Zahl.

② Gegeben sind die Funktionen: $f: \mathbb{R}\setminus\{0\} \to \mathbb{R}, x \mapsto x^{-2}$ $[x \mapsto \frac{1}{x^2}]$

$g: \mathbb{R}\setminus\{0\} \to \mathbb{R}, x \mapsto x^{-4}$ $[x \mapsto \frac{1}{x^4}]$

Fülle die Wertetabelle aus. Runde auf zwei Nachkommastellen.

x	-2	-1,5	-1	-0,5	0	0,5	1	1,5	2
x^{-2}									
x^{-4}									

Der Graph von f (G_f) ist bereits dargestellt, zeichne den Graphen von g soweit wie möglich in das KOS und untersuche seinen Verlauf im Vergleich zum Graphen von f.

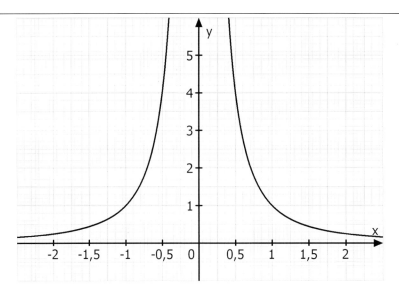

③ a) Der Graph zu $x \mapsto x^{-4}$ hat **dieselbe** _____ wie der Graph zu $x \mapsto x^{-2}$.

Graphen von Funktionen der Form $f(x) = x^{-n} = \frac{1}{x^n}$ mit $n \in \mathbb{N}\setminus\{0\}$, n gerade, heißen **Hyperbeln gerader Ordnung**.

b) Hyperbeln gerader Ordnung haben die x-Achse als waagerechte und die y-Achse als senkrechte **Asymptote**, d. h.

Die Funktionsgraphen kommen den Koordinatenachsen _____ nahe, ohne sie zu _____ .

④ Ergänze den Steckbrief.

Potenzfunktionen mit negativen geraden Exponenten

① Name der Graphen: _____ gerader Ordnung

② Definitionsmenge D: $x \in$ _____ Definitionslücke bei x = ___

③ Wertemenge W: $y \in$ _____

④ Die Graphen sind symmetrisch zur _____ .

⑤ Gemeinsame Punkte aller Graphen: (|) ; (|)

⑥ Die Graphen bestehen aus ____ Ästen. Der erste Ast liegt im ____ Quadranten, der zweite Ast im ___ Quadranten.

⑦ Monotonieintervalle:

❶ _____ ; streng monoton _____

❷ _____ ; streng monoton _____

⑧ • Für x → 0± gilt: f(x) → _____

⑨ • Für x → +∞ gilt: f(x) → _____ .

• Für x → -∞ gilt: f(x) → _____ .

⑩ Die x-Achse ist die _____ Asymptote,

die y-Achse ist die _____ Asymptote.

2 Funktionen

59. Zeige mit Hilfe der Bedingung $f(x) = f(-x)$, dass alle Funktionen der Form $f(x) = x^{-n} = \dfrac{1}{x^n}$ mit $n \in \mathbb{N}\setminus\{0\}$, n gerade, symmetrisch zur y-Achse sind.

60. Prüfe, ob die Punkte auf dem Graphen der Funktion f liegen.

a) $f(x) = x^{-2}$; $P(\dfrac{1}{2}|4)$ b) $f(x) = x^{-4}$; $P(4|256)$ c) $f(x) = x^{-6}$; $P(\dfrac{1}{5}|15625)$

61. Die Graphen sind alle aus der Potenzfunktion $f(x) = x^{-2}$ entstanden. Gib jeweils eine Funktionsgleichung an.

a)
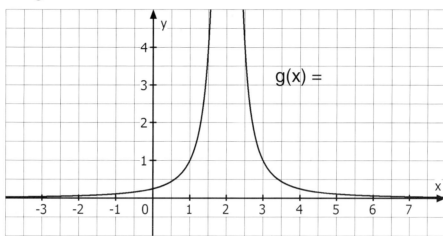
$g(x) =$

b)
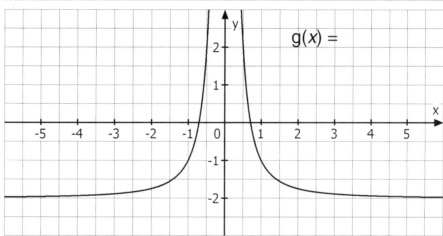
$g(x) =$

c)
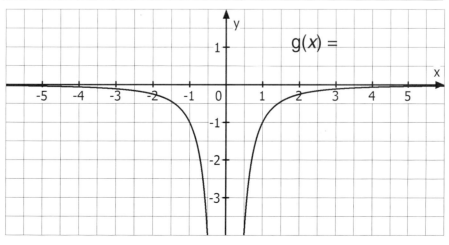
$g(x) =$

62. Die Hyperbel gerader Ordnung mit der Gleichung $f(x) = x^{-2}$ wird an der x-Achse gespiegelt, um 2 nach links und dann um 2 nach unten verschoben.

a) Gib eine Gleichung der verschobenen Hyperbel an.

b) Zeichne die verschobene Hyperbel.

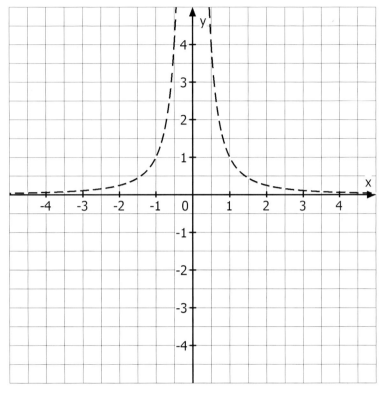

63. Die Hyperbel mit der Gleichung $f(x) = x^{-2}$ ist nach Ausführung geometrischer Abbildungen in die unternstehende Lage gebracht worden.

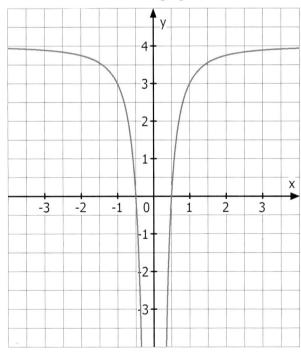

a) Gib eine Funktionsgleichung dieser Hyperbel an.

b) Bestimme Definitionsbereich D und Wertebereich W.

D =

W =

c) An welchen Stellen hat die Hyperbel den Funktionswert 3?

d) Bestimme die Nullstellen.

e) Gib die Monotonieintervalle an.

f) Welche Symmetrie liegt vor?

2 Funktionen

64. Kennst du dich mit Funktionsgraphen aus? Gib jeweils die Funktionsgleichung an.

a)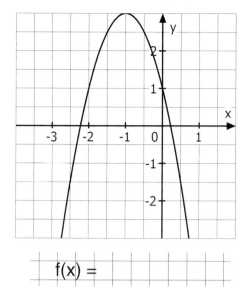

f(x) =

b)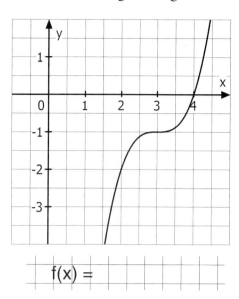

f(x) =

c)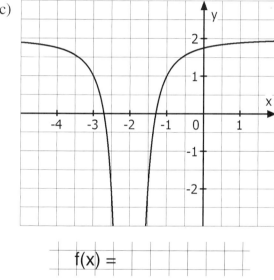

f(x) =

d)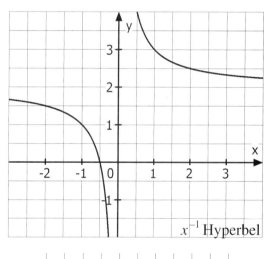

x^{-1} Hyperbel

f(x) =

e)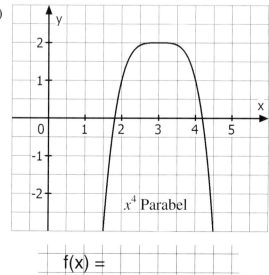

x^4 Parabel

f(x) =

f)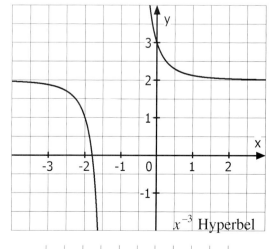

x^{-3} Hyperbel

f(x) =

Symmetrische Funktionen [A-Kurs]

Basisaufgabe zum selbstständigen Lernen

① **Symmetrie zur y-Achse**

Die Abbildung zeigt den Graphen der Funktion f auf $\mathbb{R}$ mit $f(x) = 1 + 4x^2 - x^4$.

a) Berechne die Funktionswerte und vergleiche mit der Zeichnung.

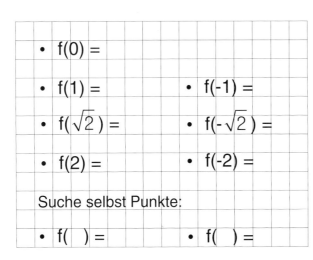
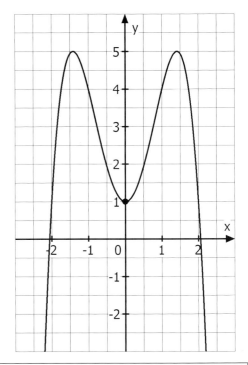

- $f(0) =$
- $f(1) =$ $f(-1) =$
- $f(\sqrt{2}) =$ $f(-\sqrt{2}) =$
- $f(2) =$ $f(-2) =$

Suche selbst Punkte:
- $f(\ \ ) =$ $f(\ \ ) =$

Zu jedem Punkt $P(x \mid f(x))$ des Graphen gehört auch der Spiegelpunkt $P'(-x \mid f(x))$.

b) Vervollständige.

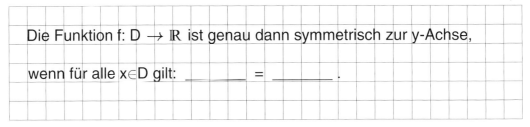

Die Funktion $f: D \to \mathbb{R}$ ist genau dann symmetrisch zur y-Achse, wenn für alle $x \in D$ gilt: _____ = _____ .

c) Ist f auch symmetrisch zur y-Achse, wenn $[-2; \infty[$ als Definitionsmenge von f gewählt wird?

---

65. Zeige, dass der Graph der Funktion $f(x) = 3x^2 - 5$ symmetrisch zur y-Achse ist.

a) Wähle Stellen x aus, die sich nur durch ihr Vorzeichen unterscheiden; berechne dann die Funktionswerte an diesen Stellen.

b) Lässt sich die Symmetrie an den Funktionswerten ablesen? Begründe.

2 Funktionen

Basisaufgabe zum selbstständigen Lernen

① **Symmetrie zum Ursprung**

Die Abbildung zeigt den Graphen der Funktion f auf $\mathbb{R}$ mit $f(x) = 5x - x^3$.

a) Welche Symmetrie weist der Graph von f aus?

b) Berechne die Funktionswerte und vergleiche mit der Abbildung.

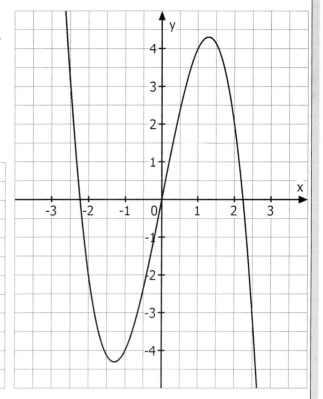

- $f(0) =$
- $f(1) =$ • $f(-1) =$
- $f(2) =$ • $f(-2) =$
- $f(3) =$ • $f(-3) =$

Suche selbst Punkte:

- $f(\ ) =$ • $f(\ ) =$

Zu jedem Punkt $P(x \mid f(x))$ des Graphen gehört auch der Spiegelpunkt $P'(-x \mid -f(-x))$.

c) Vervollständige.

Die Funktion $f: D \to \mathbb{R}$ ist genau dann symmetrisch zum Ursprung,

wenn für alle $x \in D$ gilt:

_____ = _____ ⇔ _____ = _____

---

66. Überprüfe auf Symmetrie zum Ursprung.

Der Graph der Funktion $f(x) = 2x^5 - 4x^3$ ist nebenstehend abgebildet.

a) Wähle Stellen x aus, die sich nur durch ihr Vorzeichen unterscheiden; berechne dann die Funktionswerte an diesen Stellen.

b) Lässt sich die Symmetrie an den Funktionswerten ablesen? Begründe.

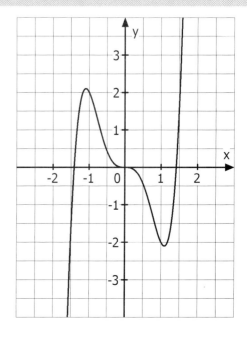

[A-Kurs]

① Zeichne die Graphen folgender Funktionen. Gib jeweils an, wie du vorgegangen bist.

a) $f(x) = \dfrac{1}{x-3}$

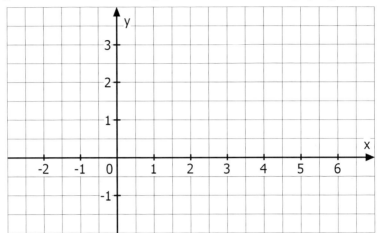

b) $g(x) = \dfrac{1}{x} + 2$

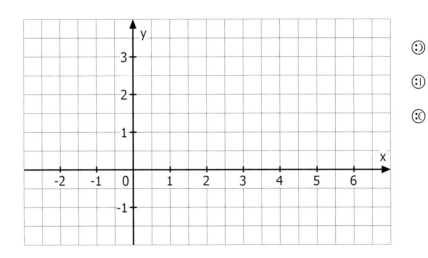

c) $h(x) = \dfrac{1}{x-1} - 2$

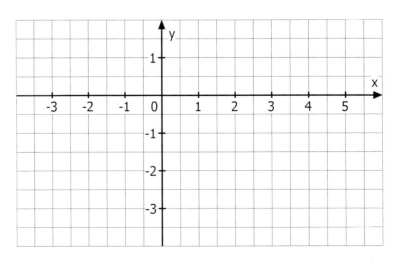

2.3 Wurzelfunktionen [A-Kurs]

Basisaufgabe zum selbstständigen Lernen

① Gegeben sind die Graphen der Funktion f mit der Funktionsgleichung $f(x) = x^{\frac{1}{2}}$ und der Funktion g mit der Gleichung $g(x) = x^{\frac{1}{3}}$.

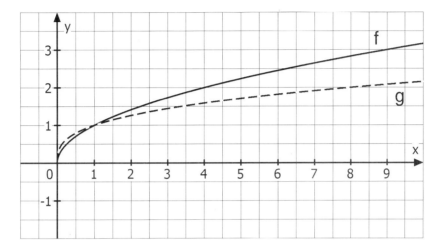

a) Gib die Gleichung der beiden Funktionen in Wurzelschreibweise an.

$f(x) = $ _____ $g(x) = $ _____

b) Gib die Definitionsmenge D und die Wertemenge W an.

c) Gib die Stelle(n) x an, für die gilt: $f(x) = g(x)$.

d) Ergänze:

$f(x) > g(x)$ im Intervall I = _____ .

$f(x) < g(x)$ im Intervall I = _____ .

e) Beschreibe das Steigungsverhalten beider Graphen.

f) Ergänze die Zusammenfassung.

Bei einer Funktionenschar f_n mit der Gleichung $f_n(x) = x^{\frac{1}{n}}$ oder $f_n(x) = $ _____

mit $n \in \mathbb{N}$ und $n \geq 2$ handelt es sich um _____-funktionen.

Definitionsbereich: D = _____ Wertebereich: W = _____

Gemeinsame Punkte der Graphenschar (|) und (|).

Steigungsverhalten: Die Funktionenschar f_n ist _____ .

67. Im Koordinatensystem siehst du den Graphen der Funktion f mit der Gleichung $f(x) = \sqrt{x}$ und den Graphen der Funktion g mit der Gleichung $g(x) = \sqrt{x+4}$.

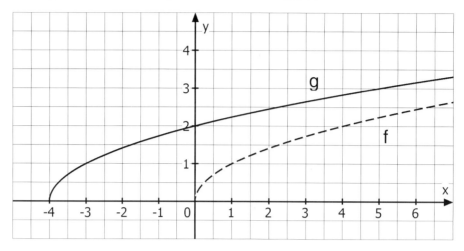

a) Durch welche geometrische Abbildung ist der Graph G_g entstanden?

b) Gib den Definitionsbereich von g an.

c) Verschiebe den Graphen der Funktion g um 2 Einheiten nach oben. Wie lautet jetzt die Funktionsgleichung?

68. Gegeben sind die Graphen ❶, ❷, ❸, ❹ und ❺.
Gib die zugehörigen Funktionsgleichungen an.

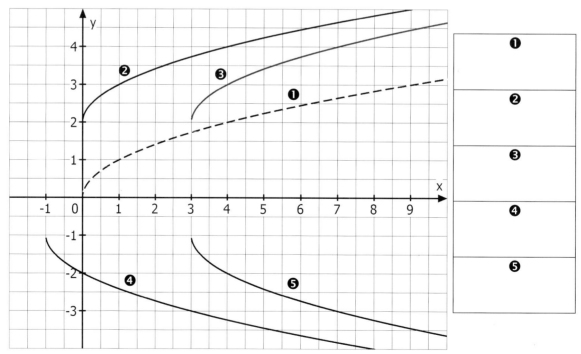

69. Zeichne die Graphen folgender Funktionen in ein Koordinatensystem.

a) $f(x) = 2 \cdot \sqrt{x}$
b) $g(x) = \sqrt{x+3} + 3$
c) $h(x) = -\sqrt{x} - 2$

2.4 Umkehrfunktionen [A-Kurs]

Basisaufgabe zum selbstständigen Lernen

① Gegeben ist die Funktion f mit der Gleichung $f(x) = x^2$ und die Winkelhalbierende mit der Gleichung $w(x) = x$. Der Graph G_f wurde an der Winkelhalbierenden w gespiegelt.

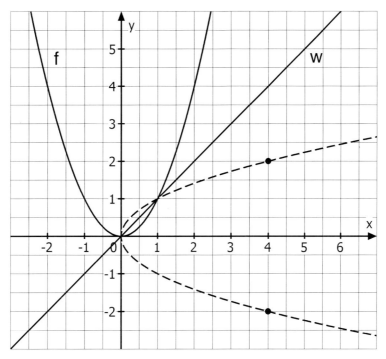

a) Der gestrichelte Graph ist **nicht** der Graph einer Funktion.

- Begründung: Dem x-Wert 4 sind _____ verschiedene y-Werte zugeordnet.

$$(4 \mid \underline{\quad}) \quad \text{und} \quad (4 \mid \underline{\quad})$$

- Bei einer Funktion muss aber jedem x-Wert genau _____ y-Wert zugeordnet sein.

b) Ergänze.
Aus obiger Darstellung wird anschaulich klar:

Wenn eine Funktion st_____ m_____ ist, dann ist sie um_____.

c) Begründe:
Jeder einzelne Ast der obigen Parabel für sich genommen ist umkehrbar.

d) Teile den Definitionsbereich $\mathbb{R}$ der obigen Quadratfunktion so in zwei Teilintervalle D_1 und D_2 auf, dass die Quadratfunktion umkehrbar ist.

$$D_1 =] \quad ; \quad]$$
$$D_2 = [\quad ; \quad [$$

70. In der Klasse 10a diskutiert man darüber, ob die Quadratfunktion mit der Gleichung $f(x) = x^2$ **eineindeutig**, also **umkehrbar** ist.

Die Aussagen der einzelnen Schüler sind fehlerhaft. Finde die Fehler heraus.

Peter:

„Die Quadratfunktion ist für alle reellen Zahlen definiert ($D_{max} = \mathbb{R}$); ich wähle mir $x_1 = 2$ und $x_2 = 4$, also $x_2 > x_1$, dann ist $x_1^2 = 4$ und $x_2^2 = 16$, also $f(x_2) > f(x_1)$, d. h. streng monoton steigend im Intervall I = [2;4].

Die Quadratfunktion ist auf $\mathbb{R}$ umkehrbar."

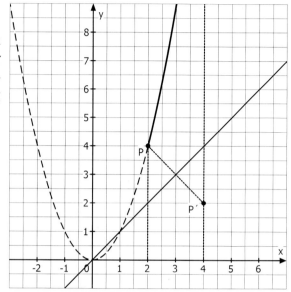

Petra:

„Ich habe mit den Zahlen $x_1 = -3$ und $x_2 = -1$ probiert, auch im Intervall I = [-3;-1] ist die Quadratfunktion streng monoton, also auf $\mathbb{R}$ umkehrbar."

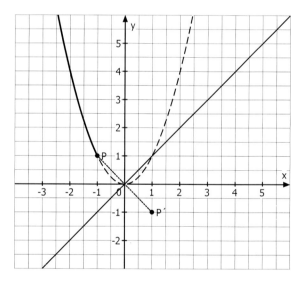

Franziska:

„Ich habe die Quadratfunktion an der ersten Winkelhalbierenden gespiegelt und dabei die Umkehrfunktion erhalten."

71. Die zeichnerische Darstellung der Quadratfunktion f mit $f(x) = x^2$ und ihrer Umkehrfunktion f^{-1} im Intervall $D_2 = [0; +\infty[$ ergibt das folgende Bild.

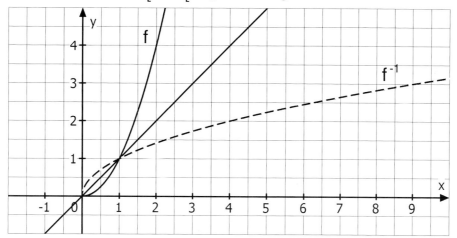

a) Bestimme die Gleichung der Umkehrfunktion f^{-1}. Fülle dazu die Tabellen aus.

f	
x	y
0	
1	
2	
3	
4	
5	

f^{-1}	
x	y

b) Ergänze.

- Die Gleichung der Umkehrfunktion f^{-1} lautet:

- Potenzschreibweise des Funktionsterms:

- Bezeichnung:

- Gemeinsame Punkte:

- Funktion und Umkehrfunktion haben gleiches Monotonieverhalten: ☐ Ja ☐ Nein

c) Algebraische Bestimmung der Gleichung der Umkehrfunktion f^{-1}.

- Funktionsgleichung $y = x^2$ nach x auflösen. Beachte dabei, dass $x \geq 0$ ist.

$$x = $$

- x und y vertauschen.

$$y = $$

72. Bestimme zeichnerisch den Graph der Umkehrfunktion zur Quadratfunktion, wenn der Definitionsbereich $D_f =]-\infty;0]$ ist. Zeichne den Graph der Umkehrfunktion und gib die Gleichung der Umkehrfunktion an.

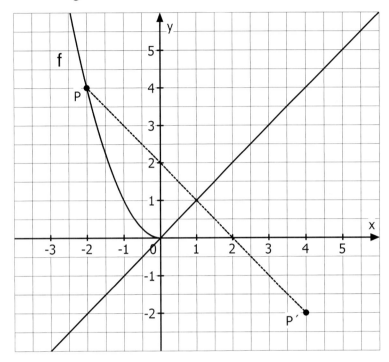

Die Gleichung der Umkehrfunktion f^{-1} lautet:

Bestätige die Gleichung der Umkehrfunktion f^{-1} durch eine algebraische Herleitung. Ergänze die Zusammenfassung.

$D_f = [0;+\infty[$	
Funktion f: $y = x^2$	Umkehrfunktion f^{-1}: y = _____
$D_f =]-\infty;0]$	
Funktion f: $y = x^2$	Umkehrfunktion f^{-1}: y = _____

Für die Funktionenschar f_n: $y = x^n$, n gerade, gilt:	
$D_f = [0;+\infty[$	
f_n: $y = x^n$	f_n^{-1}: y = _____
$D_f =]-\infty;0]$	
f_n: $y = x^n$	f_n^{-1}: y = _____

2 Funktionen

Basisaufgabe zum selbstständigen Lernen

① Gegeben ist die Funktion f mit der Gleichung $f(x) = x^3$. Sie wurde an der 1. Winkelhalbierenden gespiegelt. Es entsteht der Graph G_g (gestrichelte Linie).

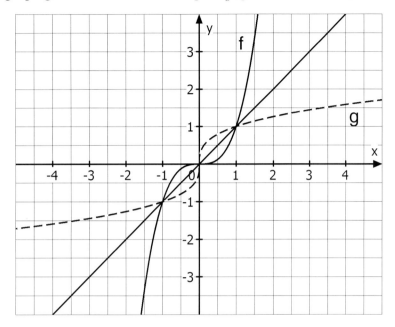

a) Ergänze die Eigenschaften des gestrichelt eingezeichneten Graphen G_g:

- Der Graph G_g ist das Schaubild einer Funktion, weil _____ x-Wert genau _____ y-Wert zugeordnet ist.

- g ist die _____ f^{-1} zu f.

- g ist streng _____ _____ .

- Gemeinsame Punkte von f und f^{-1}: (___/___) , (___/___) , (___/___)

b) Algebraische Bestimmung der Gleichung der Umkehrfunktion f^{-1}

- Funktionsgleichung $y = x^3$ nach x auflösen.

$$x = $$

- x und y vertauschen.

$$y = $$

Aus obiger Darstellung wird anschaulich klar, dass der linke Ast der Umkehrfunktion f^{-1} aus dem rechten Ast durch Spiegelung an der y-Achse und dann an der x-Achse hervorgeht. Diese Tatsache wird genutzt, um die Gleichung der Umkehrfunktion anzugeben.

Die Umkehrfunktion der Funktion f: $y = x^3$ ist

$$f^{-1}: y = \begin{cases} \sqrt[3]{x} & \text{für } D_f = [0;\infty[\\ -\sqrt[3]{-x} & \text{für } D_f =]-\infty;0] \end{cases}$$

Die Umkehrfunktion der Funktionenschar $f_n : y = x^n$, n ungerade, ist

$$f^{-1}: y = \begin{cases} \underline{\hspace{2cm}} & \text{für } D_f = [0;\infty[\\ \underline{\hspace{2cm}} & \text{für } D_f =]-\infty;0] \end{cases}$$

AUF EINEN BLICK

① $f: \mathbb{R} \to \mathbb{R}, x \mapsto x^n$ mit $n \in \mathbb{Z}^+$ und n gerade

Definitionsbereich: $D = \mathbb{R}$

Wertebereich: $W = \mathbb{R}_0^+$

Symmetrisch zur y-Achse

Gemeinsame Punkte:

$(1|1)$, $(0|0)$ und $(-1|1)$

$]-\infty;0]$: Funktion str. mon. fallend

$[0;+\infty[$: Funktion str. mon. steigend

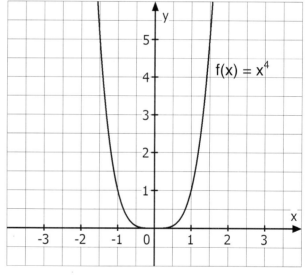

② $f: \mathbb{R} \to \mathbb{R}, x \mapsto x^n$ mit $n \in \mathbb{Z}^+$ und n ungerade

Definitionsbereich: $D = \mathbb{R}$

Wertebereich: $W = \mathbb{R}$

Symmetrisch zum Ursprung des Koordinatensystems

Gemeinsame Punkte:

$(1|1)$, $(0|0)$ und $(-1|-1)$

$]-\infty;+\infty[$: Funktion str. mon. steigend

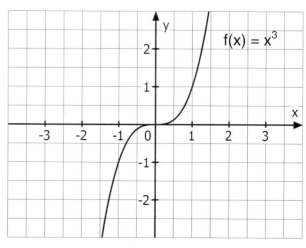

③ $f: \mathbb{R}\setminus\{0\} \to \mathbb{R}, x \mapsto x^{-n}$ mit $n \in \mathbb{N}\setminus\{0\}$ und n gerade

Definitionsbereich: $D = \mathbb{R}\setminus\{0\}$
Wertebereich: $W = \mathbb{R}^+$
Symmetrisch zur y-Achse
Gemeinsame Punkte:
$(1|1)$ und $(-1|1)$

$]-\infty;0[$: Funktion str. mon. steigend

$]0;\infty[$: Funktion str. mon. fallend

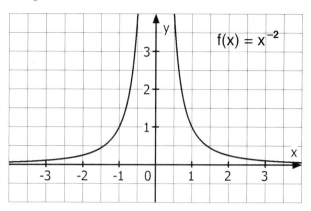

④ $f: \mathbb{R}\setminus\{0\} \to \mathbb{R}, x \mapsto x^{-n}$ mit $n \in \mathbb{N}\setminus\{0\}$ und n ungerade

Definitionsbereich: $D = \mathbb{R}\setminus\{0\}$
Wertebereich: $W = \mathbb{R}\setminus\{0\}$
Symmetrisch zum Ursprung
Gemeinsame Punkte:
$(1|1)$ und $(-1|-1)$

$]-\infty;0[$: Funktion str. mon. fallend

$]0;\infty[$: Funktion str. mon. fallend

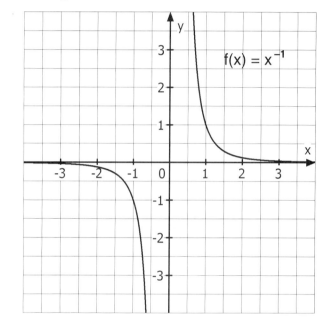

⑤ $f: \mathbb{R}_0^+ \to \mathbb{R}, x \mapsto \sqrt[n]{x}$ mit $n \in \mathbb{N}$ und $n \geq 2$

Definitionsbereich: $D = \mathbb{R}_0^+$

Wertebereich: $W = \mathbb{R}_0^+$

Gemeinsame Punkte:
$(0|0)$ und $(1|1)$

$[0;\infty[$: Funktion str. mon. steigend

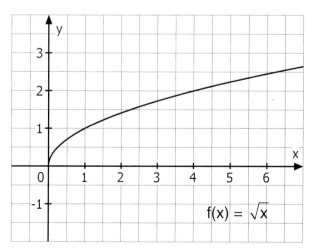

2.5 Exponentialfunktionen

Basisaufgabe zum selbstständigen Lernen

① Gegeben ist die Funktion f mit der Funktionsgleichung $f(x) = 2^x$.

Bemerkung: Bei Exponentialfunktionen ist die unabhängige Variable x der **Exponent**, dagegen ist bei Potenzfunktionen die unabhängige Variable x die **Basis**.

a) Fülle die **Wertetabelle** aus. Runde gegebenenfalls auf zwei Nachkommastellen.

x	−2	−1,5	−1	−0,5	0	1	0,5	1,5	2	2,5
y										

b) Zeichne den Graph der Funktion in das Koordinatensystem.

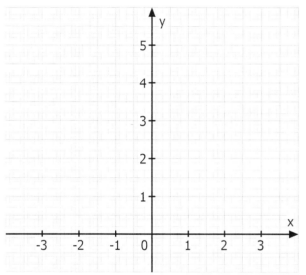

c) Definitionsmenge

D =

Wertemenge

W =

d) Schnittpunkt mit der y-Achse

P(|)

e) Steigungsverhalten

Streng monoton _____

f) Wie ändert sich das Steigungsverhalten des Graphen, wenn die x-Werte immer größer werden?

g) Bestimme den x-Wert, für den gilt: $f(x) = 2$.

h) Warum hat der Graph keinen Schnittpunkt mit der x-Achse?

73. Liegen die Punkte auf dem Graphen der Funktion $f(x) = 2^x$? Begründe.

a) $P(2|256)$ b) $Q(\frac{1}{2}|\sqrt{2})$ c) $R(-2|4)$ d) $S(\frac{1}{4}|\sqrt[4]{2})$

2 Funktionen

Basisaufgabe zum selbstständigen Lernen

① Gegeben ist die Funktion g mit der Funktionsgleichung $g(x) = \left(\frac{1}{2}\right)^x$.

a) Fülle die **Wertetabelle** aus. Runde gegebenenfalls auf zwei Nachkommastellen.

x	−2	−1,5	−1	−0,5	0	1	0,5	1,5	2	2,5
y										

b) Zeichne den Graph der Funktion in das Koordinatensystem.

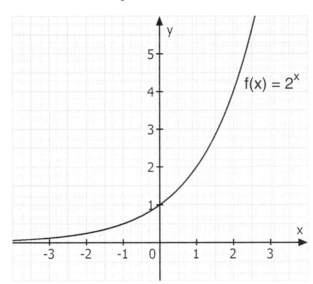

c) Definitionsmenge
D =

Wertemenge
W =

d) Schnittpunkt mit der y-Achse
P(|)

e) Steigungsverhalten
Streng monoton _____

f) Wie ist der Graph G_g aus dem Graph G_f entstanden?

② Vergleicht man beide Schaubilder, so erkennt man folgende Eigenschaften von Exponentialfunktionen. Ergänze.

> Eine Funktion f: $\mathbb{R} \to \mathbb{R}$, $x \mapsto b^x$ mit $b \in \mathbb{R}^+ \setminus \{1\}$ heißt **Exponentialfunktion**.
>
> ❶ b > 1 : streng monoton _____   0 < b < 1 : streng monoton _____
>
> ❷ Definitionsmenge und Wertemenge beider Funktionen:
>
>   D = _____   W = _____
>
> ❸ Asymptote beider Funktionen: _____

❹ Grenzverhalten

b > 1	x → +∞	f(x) → +∞
b > 1	x → −∞	f(x) → _____
0 < b < 1	x → +∞	f(x) → _____
0 < b < 1	x → −∞	f(x) → _____

❺ Spiegelt man den Graph der Funktion f: $x \mapsto b^x$ an der y-Achse, so entsteht eine Funktion g: $x \mapsto \left(\frac{1}{b}\right)^x = b^{-x}$. Die Basis ist der _____ der Basis b.

❻ Gemeinsamer Punkt von f und g : P(____ | ____).

74. Gegeben ist die Funktion $f : y = \left(\frac{5}{4}\right)^x$.

a) Fülle die Wertetabelle aus.

x	−4	−3	−2	−1	0	1	2	3	4	5
y										

b) Zeichne den Graphen von f, bestimme D_f und W_f und das Steigungsverhalten der Funktion.

c) Konstruiere mit Hilfe eines Geodreiecks aus dem Graphen von f den Graphen von $g : y = \left(\frac{4}{5}\right)^x$.

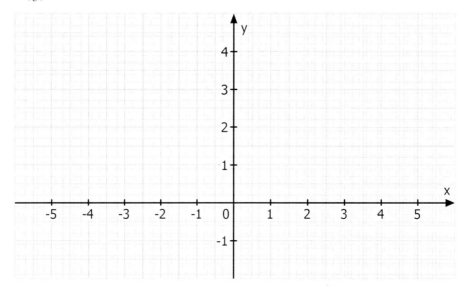

Basisaufgabe zum selbstständigen Lernen

① Spiegelungen von Exponentialfunktionen und ihre Auswirkungen auf den Funktionsterm

Gegeben ist der Graph der Exponentialfunktion f mit $f(x) = \left(\dfrac{7}{4}\right)^x$.

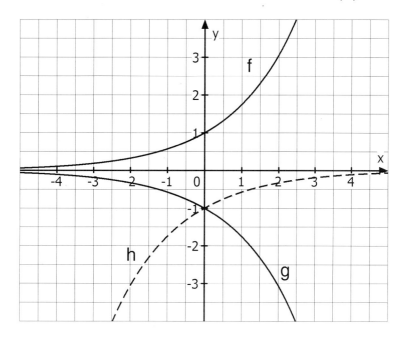

a) Der Graph von f ist an der _____ -Achse gespiegelt worden. Bestimme die zu g gehörige Funktionsgleichung.

b) Der Graphen von g ist an der _____ -Achse gespiegelt worden. Wie lautet die Funktionsgleichung h des gespiegelten Graphen.

c) Durch welche Spiegelung kann man die Hintereinanderausführung der beiden Spiegelungen (zuerst an der x-Achse, dann an der y-Achse) ersetzen?

② a) Ergänze.

	An der x-Achse spiegeln.		An der y-Achse spiegeln.	
$f(x) = \left(\dfrac{7}{4}\right)^x$	$\longrightarrow$		$\longrightarrow$	
	Am Ursprung O des Koordinatensystems spiegeln.			

b) Zeige, dass $h(x) = -f(-x)$ ist.

75. Gegeben ist die Funktion $f: y = \left(\dfrac{2}{3}\right)^x$.

a) Fülle die Wertetabelle aus.

x	−5	−4	−3	−2	−1	0	1	2	3	4
y										

b) Zeichne den Graphen von f, bestimme D_f und W_f und das Steigungsverhalten der Funktion.

c) Spiegle die Funktion f an der y-Achse und gib die Gleichung der gespiegelten Funktion g an.

Die Funktionen x → a · bˣ

Basisaufgabe zum selbstständigen Lernen

① Gegeben sind die Funktionen der Form $f: \mathbb{R} \to \mathbb{R}, x \mapsto a \cdot b^x$ mit $b \in \mathbb{R}^+ \setminus \{1\}$.

Wir betrachten die Schaubilder für $a \in \mathbb{R}^+$.

| $f: \mathbb{R} \to \mathbb{R}, x \mapsto 2^x$ | $g: \mathbb{R} \to \mathbb{R}, x \mapsto 3 \cdot 2^x$ | $h: \mathbb{R} \to \mathbb{R}, x \mapsto \left(\dfrac{1}{2}\right) \cdot 2^x$ |

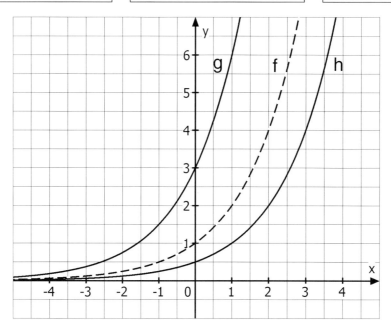

a) Wo schneiden die Funktionen g und h die y-Achse?

b) Wie kannst du die y-Koordinate des Schnittpunkts unmittelbar aus den Funktionsgleichungen ablesen?

Der Graph von g entsteht aus dem Graphen von ____ durch Streckung mit dem Streckfaktor ____ in ____ –Richtung.

Der Graph von h entsteht aus dem Graphen von ____ durch Streckung mit dem Streckfaktor ____ in ____ –Richtung.

76. Gib für jede Funktion an, wo der Graph die y-Achse schneidet.

$f : f(x) = 4 \cdot 2^x \qquad g : g(x) = 1{,}5 \cdot 3^x \qquad h : h(x) = 2 \cdot \left(\frac{1}{2}\right)^x \qquad k : k(x) = \frac{1}{4} \cdot 4^x$

Basisaufgabe zum selbstständigen Lernen

① Gegeben sind die Funktionen der Form $f : \mathbb{R} \to \mathbb{R},\ x \mapsto a \cdot b^x$ mit $b \in \mathbb{R}^+ \setminus \{1\}$.

Wir betrachten die Schaubilder für $a \in \mathbb{R}^-$.

$f : \mathbb{R} \to \mathbb{R},\ x \mapsto 2^x \qquad g : \mathbb{R} \to \mathbb{R},\ x \mapsto -2^x \qquad h : \mathbb{R} \to \mathbb{R},\ x \mapsto -3 \cdot 2^x$

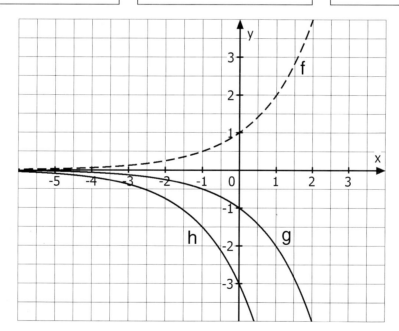

Der Graph von g entsteht aus dem Graphen von f durch _____ an der ____ -Achse.

Der Graph von h entsteht aus dem Graphen von f durch _____ an der ____ -Achse und anschließender Streckung mit dem Streckfaktor _____ in y-Richtung.

77. Fülle die Wertetabelle der Funktionen $f: y = \left(\dfrac{1}{2}\right)^x$ und $g: y = 3 \cdot \left(\dfrac{1}{2}\right)^x$ aus und zeichne die Graphen in dasselbe Koordinatensystem.

x	–3	–2	–1	–0,5	0	0,5	1	$\sqrt{2}$	2	3
$\left(\dfrac{1}{2}\right)^x$										
$3 \cdot \left(\dfrac{1}{2}\right)^x$										

a) Beschreibe die Wirkung des Faktors 3 auf den Graphen von f und gib eine konstruktive Möglichkeit an, wie man aus den Funktionswerten von f die Funktionswerte von g erhält.

b) Welche Eigenschaften der Funktion f bleiben auch bei der Funktion g erhalten?

c) Überlege dir, welche Wirkung der Faktor –3 hat und konstruiere den Graphen der Funktion $h: y = -3 \cdot \left(\dfrac{1}{2}\right)^x$.

78. Gegeben ist die Exponentialfunktion f mit $f(x) = 2 \cdot 1,5^x$.

a) Skizziere mit Hilfe der beiden charakteristischen Punkte $P(0 | f(0))$ und $Q(1 | f(1))$ sowie Überlegungen zum Grenzverhalten der Funktion den Graphen von f, ohne eine Wertetabelle anzulegen.

b) Gib von der Exponentialfunktion g mit $g(x) = -2 \cdot \left(\dfrac{2}{3}\right)^x$ den Schnittpunkt mit der y-Achse und ihr Monotonieverhalten an. Begründe deine Aussagen.

① Bestimme jeweils die Basis b in der Funktionsgleichung $y = b^x$, wenn folgendes gilt:

a) Der Funktionswert an der Stelle 1 beträgt 2,5.

b) $A(1 | 1,5)$ ist ein Punkt des Graphen.

c) $B\left(2 \Big| \dfrac{9}{16}\right)$ ist ein Punkt des Graphen.

② Zeichne den Graphen der Funktion $f: y = 2^x$ in ein Koordinatensystem und zeichne die Graphen der folgenden Funktionen.

a) $g: y = -1{,}5 \cdot 2^x$

b) $h: y = 0{,}5 \cdot \left(\dfrac{1}{2}\right)^x$

c) $k: y = 3 \cdot 2^x$

③ Durch welche Quadranten verläuft der Graph der Exponentialfunktion f mit der Gleichung $f(x) = a \cdot b^x$,
- wenn a positiv ist?
- wenn a negativ ist?

Basisaufgabe zum selbstständigen Lernen

① Gegeben sind die Schaubilder von drei Funktionen.

$f: f(x) = 2^x \qquad g: g(x) = 2^{x-3} \qquad h: h(x) = 2^{x+2}$

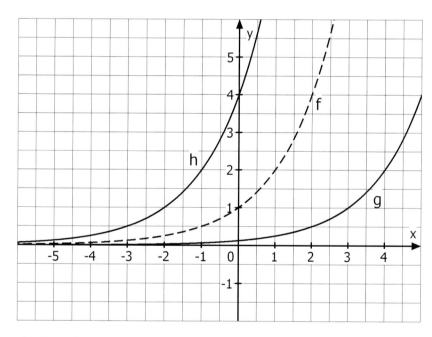

a) Beschreibe die Wirkung der Subtraktion bzw. Addition der natürlichen Zahlen 3 und 2 im Exponenten auf den Graphen von f und gib eine konstruktive Möglichkeit an, wie man die Graphen von g und h aus dem Graphen von f erhält.

b) Welche Eigenschaften der Funktion f bleiben auch bei den Funktionen g und h erhalten?

c) Konstruiere den Graphen der Funktion $k: k(x) = 2^{x-1}$ aus dem Graphen von f.

79. Bestimme mit Hilfe geeigneter Punkte die Funktionsgleichungen, die zu folgenden Graphen gehören.

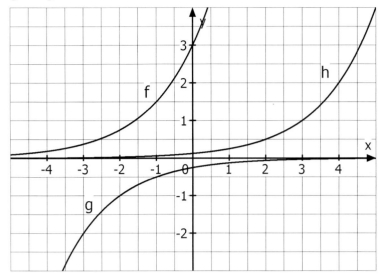

f(x) =

g(x) =

h(x) =

80. Auch mit Exponentialfunktionen kann man operieren, in dem man geometrische Abbildungen (Spiegelungen, Streckungen, Verschiebungen) auf die Funktionsgraphen anwendet. Der Funktionsterm verändert sich in ähnlicher Weise wie bei den Potenzfunktionen.

Ergänze die offenen Felder.

Ausgangsfunktion	Operation	Funktionsgleichung
$f(x) = 2^x$	Verschiebe den Graph um 2 nach rechts.	
$f(x) = 2^x$		$g(x) = 2^{x-3}$
$f(x) = 2^x$	Spiegle den Graph an der y-Achse.	
$f(x) = 2^x$	Strecke den Graph mit dem Faktor 0,5.	
$f(x) = 2^x$		$g(x) = 3 \cdot 2^x$
$f(x) = 2^x$	Spiegle den Graph an der x-Achse.	
$f(x) = 2^x$		$g(x) = (-1) \cdot 2^x + 2$

81. Welche Exponentialfunktion $x \mapsto a \cdot b^x$ mit $x \in \mathbb{R}$ verläuft durch die Punkte $P(0,5|6)$ und $Q(-1|0,75)$?

82. Gegeben sind die beiden Funktionen $f: x \mapsto 2^{x-2}$ und $g: x \mapsto \frac{1}{4} \cdot 2^x$. Begründe rechnerisch, dass die Graphen der beiden Funktionen identisch sind.

83. Gib die Funktionsgleichung zu folgendem Graphen an.

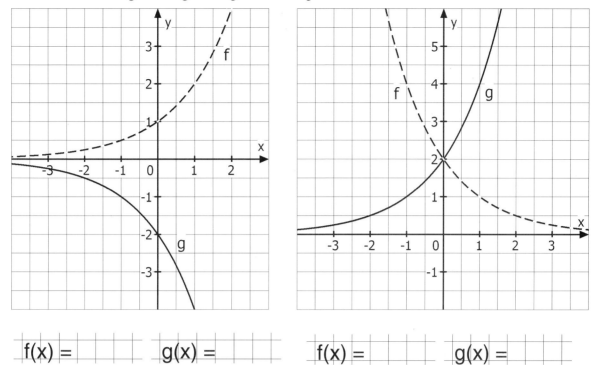

f(x) =   g(x) =   f(x) =   g(x) =

Aufgaben aus Abschlussprüfungen

84. Eine Parabel ist gegeben durch die Gleichung $f(x) = \frac{1}{2}x^2 + 2x - 6$.

a) Gib die Parabel in der Scheitelpunktform an.

b) Bestimme die Koordinaten des Schnittpunktes der Parabel mit der y-Achse.

c) Berechne die Koordinaten der Schnittpunkte der Parabel mit der x-Achse.

85. Die Abbildung zeigt den Graphen der Funktion g, der aus dem Graphen der Funktion f mit $x \mapsto \frac{1}{x}$ durch Verschiebung hervorgeht.

Gib einen passenden Funktionsterm für g an.

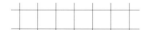

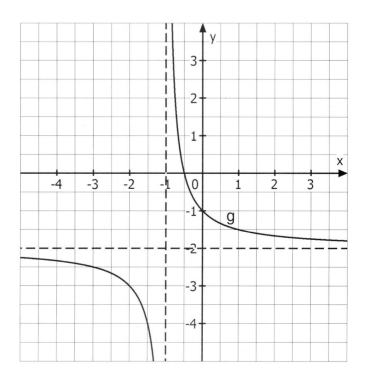

86. Kreuze an, welcher der nachfolgenden Graphen zu der Funktion *f* mit der Gleichung $f(x) = 2x^2 + 3$ gehört.

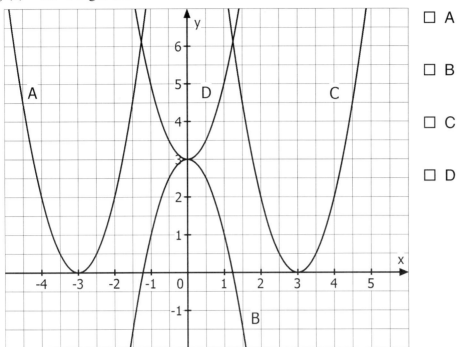

☐ A
☐ B
☐ C
☐ D

87. Im Koordinatensystem ist der Graph von $f(x) = \dfrac{1}{x^2}$ eingezeichnet.

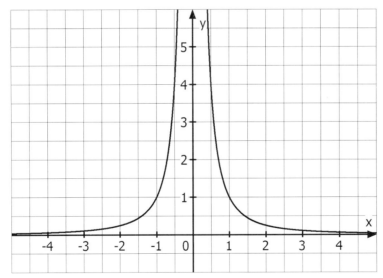

a) Um welchen Graphen handelt es sich?

b) Gib in der folgenden Wertetabelle für $f(x) = \dfrac{1}{(x+1)^2}$ die Funktionswerte an den gegebenen Stellen an und zeichne den dazugehörigen Graph in das obige Koordinatensystem.

x	-3	$-2{,}5$	-2	$-1{,}5$	-1	$-0{,}5$	0	$0{,}5$	1
$\dfrac{1}{(x+1)^2}$									

c) Gib an, wie man aus dem gegebenen Graph den neuen Graph konstruieren kann.

d) Aus der Hyperbel mit der Gleichung $f(x) = \dfrac{1}{x^2}$ lassen sich noch weitere Hyperbeln konstruieren. Notiere die fehlende Konstruktionsvorschrift bzw. die fehlende Funktionsgleichung.

Funktionsgleichung	Konstruktionsvorschrift
$f(x) = \dfrac{1}{(x-3)^2}$	
	Die gegebene Hyperbel ist um 1 Einheit nach oben verschoben.

88. Welche Abbildung skizziert den Graphen der Funktion $f(x) = -x^2 + 45x$? Begründe.

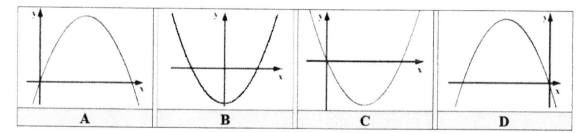

89.

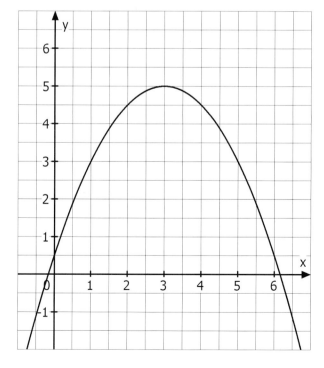

a) Gib die Funktionsgleichung der Parabel an.

b) Berechne die Nullstellen.

90. Die dargestellte Figur ist symmetrisch zur *y*-Achse und besteht aus Teilen von Parabeln.

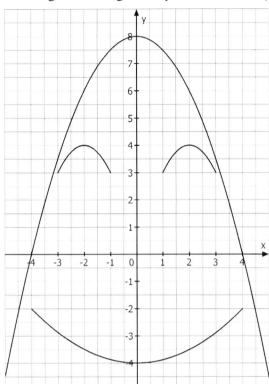

a) Die zu einem „Auge" gehörende Funktion hat die Gleichung
$$f(x) = -(x-2)^2 + 4.$$
Gib die Gleichung der zum anderen Auge gehörenden Funktion an.

b) Der „Mund" ist Teil der Parabel mit der Gleichung
$$f(x) = \frac{1}{8}x^2 - 4.$$
Berechne die *x*-Koordinaten der beiden Schnittpunkte der Parabel mit der *x*-Achse.

c) Wähle aus der folgenden Liste die zum „Umriss" passenden Funktionsgleichungen.

| ☐ $f(x) = -4x^2 + 8$ | ☐ $f(x) = 4 - \frac{1}{4}x^2$ | ☐ $f(x) = \frac{1}{2}(4-x)^2$ | ☐ $f(x) = 8 - \frac{1}{2}x^2$ |

91. a) Zeichne den Graphen der Funktion *f*.
b) Der Graph der Funktion *g* entsteht durch Spiegelung von *f* an der *x*-Achse. Zeichne den Graphen von *g* und gib die Funktionsgleichung von *g* an.

	Funktionsgleichung	Funktionsgraph
Funktion f, g	$y = (x+2)^2 + 1$ g(x) =	

2 Funktionen

92. a) Der Graph von *f* soll durch Spiegelung an der *y*-Achse auf den Graphen *g* abgebildet werden.

b) Der Graph *g* soll durch Spiegelung an der *x*-Achse auf den Graphen *h* abgebildet werden.

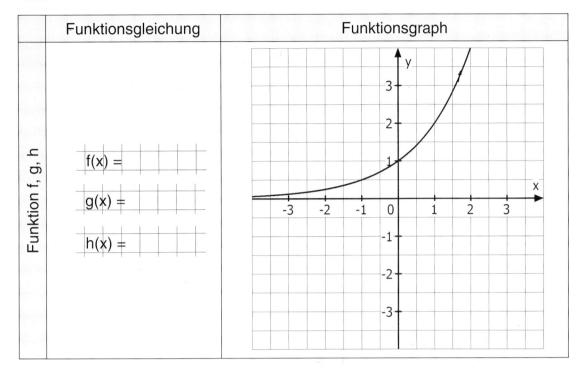

93. Im Koordinatensystem sind die Graphen a, b, c, d und e gezeichnet. Ordne den gegebenen Funktionsgleichungen die passenden Graphen zu.

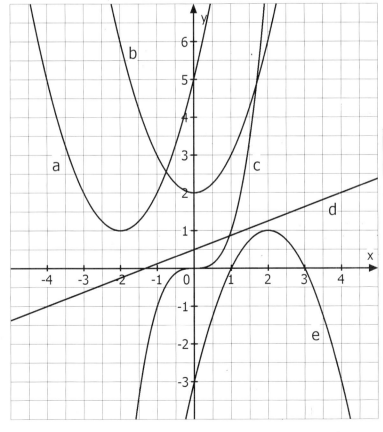

Beachte:

Zu zwei Funktionsgleichungen fehlen die entsprechenden Graphen im Koordinatensystem. Kennzeichne diese in der Tabelle durch ein ▪.

Funktionsgleichung	Graph
$f(x) = x^3$	
$f(x) = x^2 + 2$	
$f(x) = (x-2)^2 + 1$	
$f(x) = -(x-2)^2 + 1$	
$f(x) = \frac{1}{2}x - 1\frac{1}{3}$	
$f(x) = (x+2)^2 + 1$	
$f(x) = \frac{3}{8}x + \frac{1}{2}$	

94. In einem Koordinatensystem sind eine verschobene Normalparabel f und eine Gerade g dargestellt.

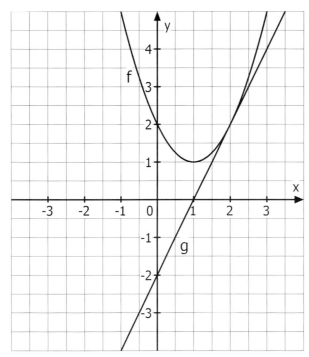

a) Bestimme die Funktionsgleichung der Parabel.
b) Gib den Scheitelpunkt an.
c) Bestimme die Geradengleichung.
d) Verschiebe die Gerade g parallel, so dass sie durch den Punkt $P(-2|0)$ verläuft.
e) Gib die Gleichung der verschobenen Geraden an.
f) Gib die Gleichung einer Geraden h an, die senkrecht zu der Gerden g verläuft und durch den Punkt $(1|0)$ geht.

95. a) Gib die Koordinaten des Scheitelpunktes der Parabel mit der Gleichung $f(x) = x^2 - 3$ an.

b) Berechne die Nullstellen.

96. Das Schaubild zeigt dir einen Ausschnitt einer Parabel.

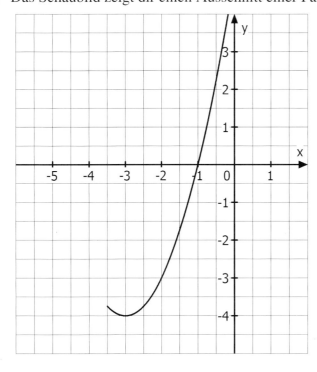

a) Gib eine Funktionsgleichung der Parabel an.

b) Gib den Scheitelpunkt an.

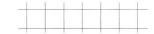

c) Gib die Nullstellen an.

d) Liegt der Punkt $P(-6|5)$ auf dem Graphen der Parabel?

97.

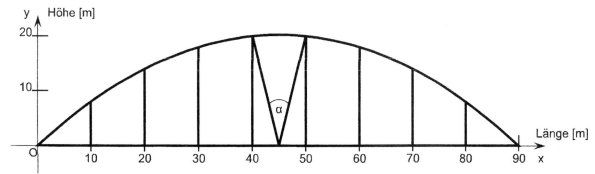

Oben siehst du eine Konstruktionszeichnung für einen Brückenbogen, der eine parabelförmige Kurve mit der Gleichung $y = -0{,}01x^2 + 0{,}9x$ beschreibt. Die Spannweite beträgt 90 m. Im Abstand von 10 m sind Stahlseile angebracht. In der Brückenmitte sind zusätzlich Halteseile schräg verspannt.

a) Wie viel Meter Stahlseil sind insgesamt an dem Brückenbogen verarbeitet worden?

b) Wie viel Meter über dem Straßenniveau liegt der höchste Punkt des Brückenbogens?

c) Berechne den Winkel zwischen den beiden schräg verlaufenden Stahlseilen, die in der Brückenmitte zusammentreffen?

98. Der Wasserstrahl aus einem Springbrunnen erreicht eine maximale Höhe von 5 m und trifft 4 m von der ebenerdigen Austrittsöffnung wieder auf der Wasseroberfläche auf.

a) Trage die gegebenen Werte in ein Koordinatensystem ein und skizziere den Verlauf des Wasserstrahls.

b) Gib die Funktionsgleichung an, die der Wasserstrahl beschreibt.

c) In welcher Höhe muss man ein Becherglas, das sich horizontal gemessen 3,5 m von der Austrittsöffnung entfernt befindet, halten, um in ihm Wasser aufzufangen?

99. a) Ordne den Graphen im Koordinatensystem die passende Funktionsgleichung zu.

① $f(x) = -\dfrac{1}{3}x$ ② $f(x) = \dfrac{1}{x}$ ③ $f(x) = 3^x$

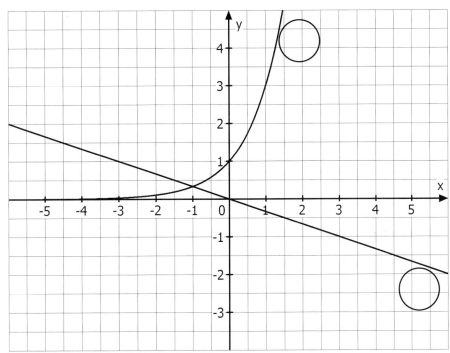

b) Zeichne den fehlenden dritten Graphen in das gleiche Koordinatensystem. Ergänze vorher die folgende Wertetabelle.

x	−4	−2	−1	0	1	2
y						

100.

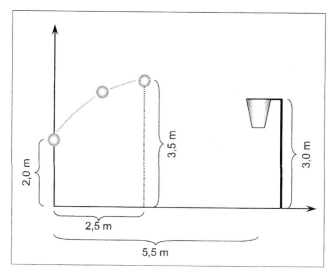

Ein Basketballspieler wirft einen Ball aus 2 Meter Höhe auf einen Basketballkorb. Der Ball erreicht 2,5 Meter vom Spieler seine größte Höhe von 3,5 Meter. Diese Situation wird in der Zeichnung veranschaulicht. Die Flugbahn des Balles kann durch eine quadratische Funktion beschrieben werden.

a) Wie lauten die Koordinaten des Scheitelpunkts dieser Funktion?

b) Bestimme die Funktionsgleichung, die die Wurfbahn beschreibt.

c) Der Basketballspieler wirft aus einer Entfernung von 5,5 Metern auf den Korb in 3 Metern Höhe. Trifft der Ball in den Korb?

101.

Das Wahrzeichen der Stadt St. Louis ist der Gateway Arch, ein Bogen, der von Eero Saarinen gestaltet wurde. Der parabelförmige Bogen kann durch die Gleichung

$$f(x) = -0{,}0208 x^2 + 192$$

beschrieben werden.

a) Wie breit ist der Bogen am Boden?

b) Gib den höchsten Punkt des Bogens an.

c) Wie breit ist der Bogen in 100 m Höhe?

Logarithmen

3.1 Logarithmen

Basisaufgabe zum selbstständigen Lernen

① Bestimme den Exponenten x.

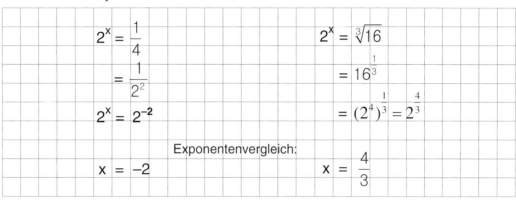

a) $5^x = 5$ b) $2^x = \dfrac{1}{2}$ c) $2^x = 8$ d) $3^x = \sqrt{3}$

e) $10^x = 0{,}01$ f) $5^x = 25 \cdot \sqrt{5}$ g) $10^x = 1$ h) $8^x = \sqrt[3]{64}$

② Ermittle diejenige Zahl, mit der du 2 potenzieren musst, um 8 zu erhalten.

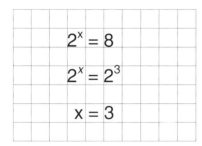 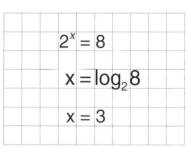

Löse die Gleichung nach x auf.

Der Logarithmus von 8 zur Basis 2 ist der Exponent (die Zahl), mit dem(r) man 2 potenzieren muss, um 8 zu erhalten.

$$\log_2 8 = 3 \;\Leftrightarrow\; 2^3 = 8$$

③ Gegeben sind zwei positive Zahlen a und b mit b ≠ 1.

Der Logarithmus einer Zahl a zur Basis b (geschrieben: $\log_b a$) ist der Exponent x, mit dem man die Basis b potenzieren muss, um die Zahl a zu erhalten.

$$\log_b a = x \;\Leftrightarrow\; b^x = a$$

④ Bestimme und begründe jeweils das Ergebnis.

$\log_3 9 =$	$\log_2 0{,}5 =$	$\log_b 1 =$	$\log_2 \sqrt{2} =$

1. Forme die exponentielle Schreibweise in die logarithmische Schreibweise um.

Beispiel: $5^3 = 125 \Leftrightarrow \log_5 125 = 3$

a) $5^2 = 25$ b) $2^9 = 512$ c) $3^4 = 81$ d) $4^3 = 64$

e) $7^3 = 343$ f) $7^2 = 49$ g) $10^{-1} = 0{,}1$ h) $11^2 = 121$

2. Forme die logarithmische Schreibweise in die exponentielle Schreibweise um.

Beispiel: $\log_2 16 = 4 \Leftrightarrow 2^4 = 16$

a) $\log_2 8 = 3$ b) $\log_{10} 100 = 2$ c) $\log_5 5 = 1$ d) $\log_6 36 = 2$

e) $\log_{12} 144 = 2$ f) $\log_3 81 = 4$ g) $\log_2 0{,}25 = -2$ h) $\log_2 1024 = 10$

3. Ergänze jeweils die fehlende Schreibweise.

Logarithmische Schreibweise	Exponentielle Schreibweise
$\log_b a = x$	$b^x = a$
	$2^5 = 32$
$\log_3 \frac{1}{9} = -2$	
	$5^{\frac{1}{2}} = \sqrt{5}$
$\log_5 5 = 1$	
	$6^x = 1$
$\log_3 27 = x - 1$	
	$10^{1 - 3 \cdot x} = 1$
$\log_9 27 = -x$	
	$3^x = 10$
$\log_2 x = 5$	
	$x^4 = 16$
$\log_x 64 = 3$	
	$4^{x-1} = 5$
$\log_2 75 = x + 3$	
	$5^3 = x$
$\log_5 x = 2$	

3 Logarithmen

4. Die drei Grundaufgaben bei Logarithmen

Der Logarithmus ist gesucht.	Die Basis ist gesucht.	Der Numerus (Zahl) ist gesucht.
$\log_5 \frac{1}{25} = x$ $5^x = \frac{1}{25}$ $5^x = 5^{-2}$ $\underline{\underline{x = -2}}$	$\log_b 125 = 3$ $b^3 = 125$ $b = \sqrt[3]{125}$ $\underline{\underline{b = 5}}$	$\log_3 a = 4$ $3^4 = a$ $\underline{\underline{a = 81}}$

5. Bestimme die **Basis** b.

   Beispiel: $\log_b 9 = 2$; $b^2 = 9$; $b^2 = 3^2$; $b = 3$

   a) $\log_b 36 = 2$ b) $\log_b 8 = 3$ c) $\log_b 27 = 3$ d) $\log_b 64 = 6$

   e) $\log_b 49 = 2$ f) $\log_b 125 = 3$ g) $\log_b 10 = 1$ h) $\log_b 81 = 4$

6. Bestimme den **Numerus** a.

   Beispiel: $\log_2 a = 3$; $2^3 = a$; $a = 8$

   a) $\log_3 a = 5$ b) $\log_8 a = 2$ c) $\log_{12} a = 2$ d) $\log_{10} a = 4$

   e) $\log_4 a = 3$ f) $\log_{16} a = 2$ g) $\log_4 a = 4$ h) $\log_2 a = 0$

7. Bestimme den **Logarithmus** x.

   Beispiel: $\log_2 32 = x$; $2^x = 32$; $2^x = 2^5$; $x = 5$

   a) $\log_{25} 625 = x$ b) $\log_{10} 100 = x$ c) $\log_{\frac{1}{2}} \frac{1}{4} = x$ d) $\log_7 343 = x$

   e) $\log_{\frac{1}{2}} 2 = x$ f) $\log_{13} 1 = x$ g) $\log_{\frac{1}{10}} \frac{1}{1000} = x$ h) $\log_{\frac{1}{2}} 32 = x$

8. Berechne.

   a) $\log_2 2$ b) $\log_3 1$ c) $3^{\log_3 9}$ d) $5^{\log_5 125}$

   e) $\log_3 \sqrt{3}$ f) $\log_6 \sqrt[5]{36}$ g) $\log_5 \sqrt[3]{25}$ h) $\log_2 \sqrt[5]{64}$

9. Berechne.

   a) $\log_3 \frac{1}{\sqrt[3]{9}}$ b) $\log_5 \frac{1}{\sqrt[4]{25}}$ c) $\log_a \sqrt[3]{a}$ d) $\log_a \frac{1}{\sqrt{a}}$

Zusammenhang zwischen Potenzieren und Logarithmieren

Basisaufgabe zum selbstständigen Lernen

① Beschreibe den Vorgang, der durch die Pfeilbilder dargestellt wird, und ergänze.

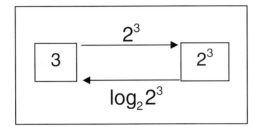
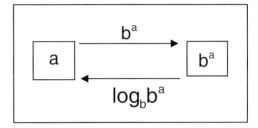

Das Potenzieren zur Basis 2 wird durch das L_____ zur Basis 2 wieder rückgängig gemacht.

Für alle $a \in \mathbb{R}$ und $b \in \mathbb{R}^+$ gilt:
$$\log_b b^a = a$$

② Ergänze jeweils.

a) $\log_5 5^3 = \underline{}$ b) $\log_x x^4 = \underline{}$ c) $\log_3 \underline{} = 2$ d) $\log_{\underline{}} 6^3 = 3$

③
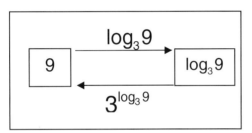
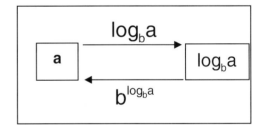

Das Logarithmieren zur Basis 3 wird durch das P_____ zur Basis 3 wieder rückgängig gemacht.

Für alle $a, b \in \mathbb{R}^+$ gilt:
$$b^{\log_b a} = a$$

④ Ergänze jeweils.

a) $4^{\log_4 5} = \underline{}$ b) $x^{\log_x 2} = \underline{}$ c) $5^{\log_5 \underline{}} = 7$ d) $2^{\log_{\underline{}} 5} = 5$

⑤ **Merke**
Bei gleichen Basen ist das Logarithmieren die Umkehrung des Potenzierens. Die Umkehrung dieser Aussage gilt ebenfalls. Bei gleichen Basen ist das Potenzieren die Umkehrung des Logarithmierens.

3 Logarithmen

⑥ **Funktionaler Zusammenhang zwischen Potenzieren und Logarithmieren**

Peter findet in einem Mathematikbuch die folgende Formulierung: „Die Exponentialfunktion f mit der Gleichung $y = 2^x$ ist eine **eineindeutige Funktion**." „Schon wieder ein Schreibfehler", meint Peter.

a) Ergänze die folgende Wertetabelle.

x	–3	–2	–1	0	1	2	3
2^x							

b) Überprüfe deine Ergebnisse in der Tabelle am gezeichneten Graphen von $y = 2^x$.

Auswertung der Tabelle und des gezeichneten Graphen. Ergänze.

Definitionsbereich D =

Wertebereich W =

Die Funktion $f(x) = 2^x$ ist **streng m_____ st_____** .

Daraus folgt:

Jedem $x \in D$ ist g_____ ein $y \in W$ zugeordnet; umgekehrt gilt auch, dass jedem $y \in W$ g_____ ein $x \in D$ zugeordnet ist.

Man sagt:

Die Funktion f ist **umkehrbar eindeutig**.

Überlege, was **eineindeutig** bedeutet.

c) Bestimmung der Gleichung der Umkehrfunktion f^{-1}. Bearbeite die Aufträge.

Funktion f	$y = 2^x$
Vertausche x und y.	
Löse nach y auf.	

d) Graph der Umkehrfunktion f^{-1}

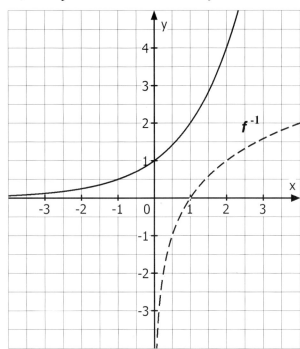

Peter meint:

„Der Graph der Umkehrfunktion f^{-1} ergibt sich nicht nur durch Umkehrung der Werte aus der Wertetabelle, sondern auch geometrisch aus dem Graphen der Funktion f."

Was meint Peter mit dieser Aussage?

⑦ Bestimme jeweils die Gleichung der Umkehrfunktion. Zeichne jeweils den Graph der Funktion und den Graph der dazugehörigen Umkehrfunktion in ein Koordinatensystem.

Funktion	$y = 1{,}5^x$	$y = 0{,}75^x$	$y = \dfrac{1}{2^x}$
Umkehrfunktion			

① Bestimme die folgenden Logarithmen und begründe mit Hilfe der Potenzrechnung.

$\log_2 16 =$	weil
$\log_{10} 100\,000 =$	weil
$\log_4 \dfrac{1}{16} =$	weil
$\log_{\frac{1}{4}} 64 =$	weil
$\log_5 25^{-1} =$	weil
$\log_4 8^{-2} =$	weil

3.2 Logarithmus zur Basis 10 und seine Verwendung

Basisaufgabe zum selbstständigen Lernen

① Der Logarithmus zur Basis 10 (dekadischer Logarithmus)

Für Logarithmen zur Basis 10 (kürzer: Zehnerlogarithmen) wird folgende Schreibweise vereinbart: $\log_{10} a = \lg a$

a) lg 1000 =

b) lg 1 =

c) lg 0,1 =

d) lg 10 =

e) $\lg \dfrac{1}{10000} =$

Mit der **log**-Taste auf dem Taschenrechner erhält man den Zehnerlogarithmus, Logarithmen zu beliebigen Basen gibt der Taschenrechner nicht an.

 [log] 100 = lg 100

② Berechnung von Logarithmen zu beliebigen Basen mit Hilfe von Zehnerlogarithmen. Ergänze die Lücken.

a) Gleichung: $2^x = 3$

b) Lösung: $\log_2 3 = x$

Berechnung von $\log_2 3$ mit Hilfe von Zehnerlogarithmen

c) Nutze die Eigenschaft, dass Logarithmieren und Potenzieren Umkehrrechenarten sind.

$2 = 10^{\lg 2}$

$3 = \underline{\qquad}$

d) Setze die Terme für 2 und 3 in die Gleichung bei a) ein.

$\left(10^{\lg 2}\right)^x = \underline{\qquad}$

e) Anwendung des Potenzgesetzes $\left(a^m\right)^n = a^{m \cdot n}$ ergibt:

$10^{x \cdot \lg 2} = 10^{\lg 3}$

f) Setze die Exponenten gleich und löse nach x auf.

$x \cdot \lg 2 = \lg 3 \quad \Leftrightarrow \quad x =$

g) Berechne $\log_2 3$ und formuliere die Berechnungsmethode in Worten.

$\log_2 3 =$

Merke

Der Basiswechselsatz gilt für alle Basen b.

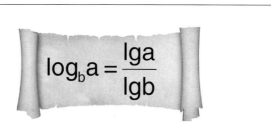

$$\log_b a = \frac{\lg a}{\lg b}$$

10. Löse die folgenden Gleichungen. Runde das Ergebnis geeignet. Fertige für jede Aufgabe eine Probe an.

$1{,}25^x = 36$	$0{,}5^x = 10$	$1{,}02^x = 1{,}0404$	$0{,}85^x = 0{,}522$
$8 \cdot 1{,}5^x = 52$	$(1-0{,}05)^x = 0{,}2$	$2 = 1{,}0717^x$	$5^{x-1} = 3$

Rechenregeln für Logarithmen - die Logarithmensätze
[A-Kurs]

Basisaufgabe zum selbstständigen Lernen

① Begründe die entdeckte Regel mit Hilfe der Potenzgesetze.

1

Für alle $b \in \mathbb{R}^+$ mit $b \neq 1$ und $u, v \in \mathbb{R}^+$ gilt:
$$\log_b u + \log_b v = \log_b(u \cdot v)$$

$\lg 2 + \lg 50 = \lg \underline{}$

$\lg 4 + \lg 25 = \lg \underline{}$

$\lg 5 + \lg 20 = \lg \underline{}$

Vermutung:
$\lg u + \lg v = \lg \underline{}$

$x = \log_b u$ und	$y = \log_b v$
$b^x = u$	$b^y = v$
$u \cdot v$	$= b^x \cdot b^y$
$u \cdot v$	$= b^{x+y}$
$x + y$	$= \log_b(u \cdot v)$
$\log_b u + \log_b v$	$= \log_b(u \cdot v)$

Erläutere die einzelnen Schritte. ⇨

② Begründe die entdeckte Regel mit Hilfe der Potenzgesetze.

2

Für alle $b \in \mathbb{R}^+$ mit $b \neq 1$ und $u, v \in \mathbb{R}^+$ gilt:
$$\log_b u - \log_b v = \log_b(u : v) = \log_b\left(\frac{u}{v}\right)$$

$\lg 300 - \lg 30 = \lg \underline{}$

$\lg 250 - \lg 25 = \lg \underline{}$

$\lg 15 - \lg 1{,}5 = \lg \underline{}$

Vermutung:
$\lg u - \lg v = \lg \underline{}$

$x = \log_b u$ und	$y = \log_b v$
$b^x = u$	$b^y = v$
$\dfrac{u}{v}$	$= \dfrac{b^x}{b^y}$

Vervollständige die Beweisführung:

Erläutere die einzelnen Schritte. ⇨

11. Zerlege in eine Summe und vereinfache soweit wie möglich.

a) $\log_2(3 \cdot 1024)$
b) $\log_7\left(5 \cdot \sqrt[n]{7}\right)$
c) $\lg(a \cdot 10^n)$
d) $\log_b(xyz)$

e) $\log_5(2 \cdot \sqrt{5})$
f) $\lg(a \cdot 10^{-2})$
g) $\log_b\left(\sqrt[m]{b} \cdot \sqrt[n]{b}\right)$
h) $\log_b[x \cdot (y+x)]$

12. Umgekehrt, fasse zusammen und vereinfache soweit wie möglich.

a) $\log_6 9 + \log_6 4$
b) $\log_4 1{,}6 + \log_4 5$
c) $\log_2 5 + \log_2 y$

d) $\lg(x-1) + \lg(x+1)$
e) $2 + \log_3 a + \log_3 \dfrac{1}{b}$

13. Berechne mithilfe der Logarithmengesetze.

a) $\log_3\left(\dfrac{9}{27}\right)$
b) $\log_6\left(\dfrac{216}{36}\right)$
c) $\log_5\left(\dfrac{2500}{4}\right)$
d) $\log_3\left(\dfrac{324}{4}\right)$

14. Forme um.

a) $\log_b\left(\dfrac{a}{b}\right)$
b) $\lg\left(\dfrac{ab}{c}\right)$
c) $\log_b\left(\dfrac{1}{5}\right)$
d) $\lg\left(\dfrac{a}{4}\right)$

15. Rechne zunächst das Beispiel nach ...

Beispiel:
$$\log_b \dfrac{u \cdot v}{w} = \log_b(u \cdot v) - \log_b w$$
$$= \log_b u + \log_b v - \log_b w$$

und verzichte dann bei den Umformungen auf die Basis b.

a) $\log(x \cdot y)$ $\quad\log(2p)$ $\quad\log 36$ $\quad\log(3 \cdot 5 \cdot 7)$

$\lg 40$ $\quad\lg 200$ $\quad\log(3ab)$ $\quad\log(40\,xy)$

b) $\log \dfrac{x}{y}$ $\quad\log \dfrac{2}{3}$ $\quad\log \dfrac{1}{a}$ $\quad\log \dfrac{a}{5}$

$\log \dfrac{x+1}{4}$ $\quad\log \dfrac{z}{x+y}$ $\quad\lg \dfrac{10}{a}$ $\quad\lg \dfrac{x}{1000}$

c) $\log \dfrac{x \cdot y}{z}$ $\quad\log \dfrac{a}{b \cdot c}$ $\quad\log \dfrac{5a}{6b}$ $\quad\log \dfrac{1}{42x}$

$\log \dfrac{5}{p \cdot q \cdot r}$ $\quad\log \dfrac{a \cdot b}{100 \cdot c}$ $\quad\log \dfrac{10x}{x \cdot y}$ $\quad\log \dfrac{x+1}{(x-2) \cdot (x+3)}$

3 Logarithmen

Basisaufgabe zum selbstständigen Lernen

③ Begründe die entdeckte Regel mit Hilfe der Potenzgesetze.

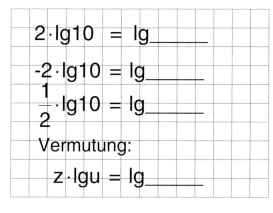
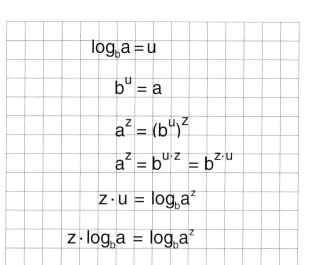

Für alle $b \in \mathbb{R}^+$ mit $b \neq 1$, $a \in \mathbb{R}^+$ und $z \in \mathbb{R}$
gilt: $z \cdot \log_b a = \log_b a^z$

$2 \cdot \lg 10 = \lg \underline{}$
$-2 \cdot \lg 10 = \lg \underline{}$
$\frac{1}{2} \cdot \lg 10 = \lg \underline{}$

Vermutung:
$z \cdot \lg u = \lg \underline{}$

Erläutere die einzelnen Schritte.

$\log_b a = u$
$b^u = a$
$a^z = (b^u)^z$
$a^z = b^{u \cdot z} = b^{z \cdot u}$
$z \cdot u = \log_b a^z$
$z \cdot \log_b a = \log_b a^z$

---

16. Zerlege die folgenden logarithmischen Terme mit Hilfe der Logarithmensätze.
Verzichte bei den Umformungen auf die Basis b.

a) $\log 5^3$ $\qquad \log x^2 \qquad \log \sqrt[3]{y} \qquad \log p^{-3}$

$\log \frac{1}{q^4} \qquad \log \frac{1}{\sqrt[3]{a}} \qquad \log \sqrt[3]{x^4} \qquad \lg 10^3$

b) $\log(a^2 \cdot b^3) \qquad \log(a \cdot b)^3 \qquad \log(x^2 \cdot \sqrt{y}) \qquad \log \frac{\sqrt[3]{x}}{y^2}$

$\log \frac{u^2}{\sqrt{v}} \qquad \log \sqrt[3]{a^2 \cdot b \cdot c^3} \qquad \log \frac{x \cdot y^2}{z^3} \qquad \log \frac{p^3 \sqrt[3]{q}}{r^2}$

17. Zerlege soweit wie möglich.

Beispiel: $\lg(x^3 \cdot \sqrt{y}) = \lg x^3 + \lg \sqrt{y} = 3 \cdot \lg x + \frac{1}{2} \cdot \lg y$

a) $\lg \frac{x}{yz}$

b) $\log_3(3x^2)$

c) $\lg \frac{a^3}{x}$

d) $\log_b(\sqrt{a} \cdot b^r)$

e) $\lg \frac{\sqrt[m]{n}}{\sqrt[n]{v}}$

f) $\log_2 \left(\sqrt[3]{\frac{4ab^2}{\sqrt{c}}} \right)$

18. Fasse zu einem Logarithmus zusammen.

a) $\log a + \log b - \log c$ $\log a - \log b - \log c$

b) $2\log x + 3\log y - \frac{1}{2}\log z$ $3\log a + \frac{1}{2}\log(a+x)$

c) $-\log u - \log v - \log w$ $-\frac{1}{2}\log q + \log p - \frac{1}{4}\log r$

d) $4\log a - (2\log b + \frac{1}{2}\log c)$ $-(\log a + 3\log b) + \frac{1}{3}\log c$

e) $\frac{1}{4}\log(a+b) - \frac{1}{3}\log(a-b)$ $\frac{2}{3}\log x - \frac{4}{5}\log y$

Basisaufgabe zum selbstständigen Lernen

① Wende die passende Rechenregel für Logarithmen an. Du kannst dann den Logarithmus zu jeder beliebigen Basis mit Hilfe von Zehnerlogarithmen berechnen.

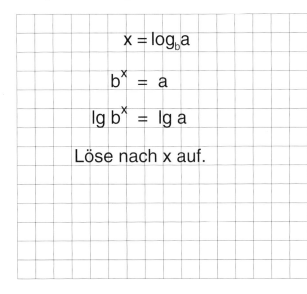

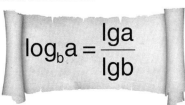

② Drücke mit Hilfe von Zehnerlogarithmen aus und berechne mit dem Taschenrechner.

a) $\log_2 5$ b) $\log_7 5$

c) $\log_5 19$ d) $\log_3 8$

⇐ Erläutere die einzelnen Schritte.

---

19. Löse die folgenden Gleichungen. Runde das Ergebnis geeignet. Fertige für jede Aufgabe eine Probe an.

Beispiel: $4^x = 7 \Leftrightarrow x = \log_4 7 \Leftrightarrow x = \frac{\lg 7}{\lg 4}$; $x \approx 1{,}404$

a) $5^x = 10$ b) $3^x = 20$ c) $2^x = 100$ d) $10^x = 7$

20. Mache dir an Beispielen klar, dass man folgende Terme nicht verwechseln darf.

a) $\log_b(u+v)$ und $\log_b u + \log_b v$ b) $\log_b(u-v)$ und $\log_b u - \log_b v$

c) $\log_b(u \cdot v)$ und $\log_b u \cdot \log_b v$ d) $\log_b \frac{u}{v}$ und $\frac{\log_b u}{\log_b v}$

3.3 Exponential- und Logarithmusgleichungen
[A-Kurs]

Basisaufgabe zum selbstständigen Lernen

① Informiere dich an Hand der Beispiele, wie man Gleichungen durch **Logarithmieren** lösen kann. Bilde dazu von beiden Seiten den **Logarithmus zur Basis 10**. Runde das Ergebnis auf drei Nachkommastellen.

Ergänze die Beispiele und löse die Gleichungen unter ②. Erläutere jeden Rechenschritt.

Gleichungen, bei denen die Lösungsvariable im Exponenten vorkommt, heißen _____ gleichungen.

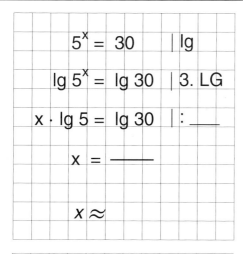

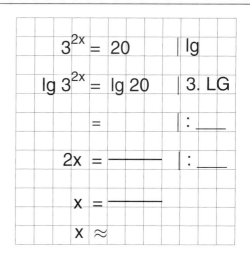

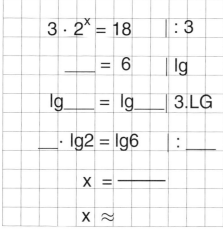

② Bestimme jeweils die Lösung der Gleichung.

a) $15^x = 13$ b) $9^x = 70$

c) $3 \cdot 2^x = 18$ d) $5 \cdot 3^x = 40$

e) $2^{x+1} = 9$ f) $5^{-x+3} = 500$

g) $3^{7x} = 4000$ h) $5^{-4x} = 5000$

i) $2^{3x+1} = 150$ j) $20^{-2x-5} = 400$

21. Bestimme jeweils x. Welche Gleichungen haben mehr als eine Lösung?

a) $2 \cdot 7^{3x+1} = 50$ b) $5 \cdot 2^{-x} = 15$ c) $3 \cdot 8^{2x-1} = 210$ d) $8^{\frac{1}{2}x^2} = 6$

e) $2 \cdot 5^{x^2+1} = 120$

22. Löse die folgenden Exponentialgleichungen durch **Exponentenvergleich**.

Beispiel:
$$4^{2x+3} = 4^{x+4}$$
$$2x+3 = x+4$$
$$x = 1$$

Beachte: Sind zwei Potenzen mit gleicher Basis gleich, dann sind auch ihre Exponenten gleich.

a) $3^{7x-5} = 3^9$ $\qquad$ $2^{2x-3} = 2^7$ $\qquad$ $5^{2x-1} = 5^x$

b) $4^{2x+1} = 64$ $\qquad$ $2^{-x^2} = 4^{\frac{1}{2}x-3}$ $\qquad$ $6^{\frac{1}{3}x-2} = \sqrt[3]{6}$

23. Löse die folgenden Exponentialgleichungen durch Logarithmieren zur Basis 10. Ergänze zunächst das Beispiel.

Beispiel:

$$8 \cdot 3^{2x} = 32 \cdot 5^x \qquad |:8$$
$$3^{2x} = 4 \cdot 5^x \qquad |\lg$$
$$\lg 3^{2x} = \lg(4 \cdot 5^x) \qquad |\,1.\,LG$$
$$\lg 3^{2x} = \lg 4 + \lg 5^x \qquad |\,3.\,LG$$
$$2x \cdot \lg 3 = \lg 4 + x \cdot \lg 5 \qquad |-(x \cdot \lg 5)$$
$$2x \cdot \lg 3 - x \cdot \lg 5 = \lg 4 \qquad |\,x\text{ ausklammern}$$
$$x \cdot (2 \cdot \lg 3 - \lg 5) = \lg 4 \qquad |:(2 \cdot \lg 3 - \lg 5)$$
$$x = \frac{\lg 4}{2 \cdot \lg 3 - \lg 5}$$
$$x \approx$$

a) $2^{3x} = 5^{x-1}$ $\qquad$ b) $2^{3x-1} = 3^{x+1}$ $\qquad$ c) $5^{2x} = 6^{-x+2}$

d) $5^{x-2} : 2^x = 7$ $\qquad$ e) $5 : 6^{2x} = 6 : 5^{x-1}$ $\qquad$ f) $2^{3x-1} : 10^{2x+1} = 5^{4x-1}$

24. Bestimme die Lösung der Gleichung.

a) $4^{3x+2} \cdot 8^{7x} = 2^{32x}$ $\qquad$ b) $125^{2x+1} = 5^{x-3} \cdot 625$

c) $27^{4x-2} \cdot 8^{2-4x} = 16^{4-2x} \cdot 9^{4x-3}$ $\qquad$ d) $8^{3x-4} \cdot 27^{3x+1} = 9^{2+4x} \cdot 4^{4x-5}$

25. Bestimme die Lösungsmenge.

a) $\sqrt{5^{3x-1}} = 2^{x+4}$ $\qquad$ b) $3 \cdot 2^{3-2x} = \dfrac{4}{2^{x+1}}$

c) $\sqrt{16^{2x-2}} = 2^{3x-2}$ $\qquad$ d) $\sqrt{3^{4x-4}} = \dfrac{3^{x+1}}{3}$

3 Logarithmen

Basisaufgabe zum selbstständigen Lernen

① Informiere dich an Hand der Beispiele, wie man Gleichungen durch **Entlogarithmieren** lösen kann. Wende dazu auf beiden Seiten die Umkehrrechenart an. Mache jeweils die **Probe**, um auszuschließen, dass der logarithmische Term in der Gleichung für die gefundene Lösung nicht definiert ist.
Erläutere jeden Rechenschritt.

Gleichungen, bei denen die Lösungsvariable im Numerus des Logarithmus vorkommt, heißen _____ gleichungen.

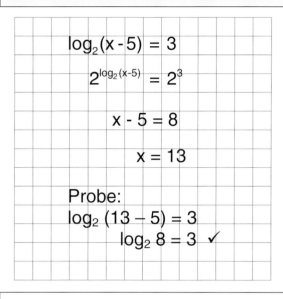

Die Logarithmusdefinition ergibt sofort die dritte Gleichung.	Die Logarithmusdefinition ergibt sofort die dritte Gleichung.

② Bestimme jeweils die Lösung der Gleichung. Mache die Probe.

a) $\log_3 2x = 2$ b) $\log_4 \frac{1}{2} x = 1$

c) $\log_5 \frac{2}{3} x = 0$ d) $\log_5 (x+1) = -1$

e) $\frac{1}{2} \cdot \lg x = -1$ f) $\log_3 (5 - x^2) = 0$

g) $2 \cdot \lg (x+2) = 6$ h) $\lg (x-5)^2 = 4$

③ Bestimme jeweils die Lösung der Gleichung. Mache die Probe.

a) $\lg(5x - 3) = 0{,}8451\ldots$

b) $\log_5 (x - 1) = 1{,}2920\ldots$

c) $\lg x^2 = 1{,}2041\ldots$

d) $\log_3 (x + 2)^2 = 2{,}9299\ldots$

26. Bestimme die Lösung der Gleichung. Vergiss die Probe nicht!

a) $\log_2 (x^2 - 6x + 9) = 2$ b) $\log_3 \left(\frac{1}{9} \cdot (x - 2)\right) = -2$ c) $\log_4 (x^2 + x + 4) = 1$

d) $\log_{\sqrt{5}} 25 = x$ e) $\log_3 \left(\frac{9x}{4x - 3}\right) = 2$ f) $2 \cdot \log_{27} x = \frac{2}{3}$

Basisaufgabe zum selbstständigen Lernen

① Die folgenden Gleichungen werden zuerst mit Hilfe der Logarithmensätze in eine Form gebracht, so dass man sie **entlogarithmieren** kann. Setze den Lösungsvorgang fort und mache die Probe.

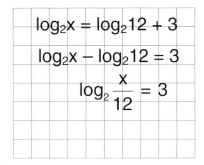

$\log_2 x = \log_2 12 + 3$
$\log_2 x - \log_2 12 = 3$
$\log_2 \dfrac{x}{12} = 3$

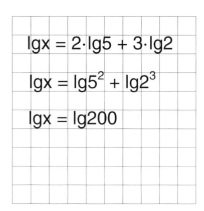

$\lg x = 2 \cdot \lg 5 + 3 \cdot \lg 2$
$\lg x = \lg 5^2 + \lg 2^3$
$\lg x = \lg 200$

② Löse die Gleichungen.

a) $\log_5 x + \log_5 2 = \log_5 6$ b) $\lg x = 1 - \lg 5$ c) $2 \cdot \log_2 x = \log_2 9$

d) $\lg x + \dfrac{1}{3}\lg 8 = \dfrac{1}{2}\lg 4$ e) $\lg 4 + \lg 2 \cdot (x+1)^2 = \lg 32$ f) $\lg x + \lg 6 - \lg 2 = 1{,}0791$

27. Kommentiere die einzelnen Lösungsschritte.

Beispiel:

$\lg(x+3) + \lg(x+4) - \lg(x+9) = 0{,}77815\ldots$

$\lg\left(\dfrac{(x+3)\cdot(x+4)}{x+9}\right) = 0{,}77815\ldots$

$\dfrac{(x+3)\cdot(x+4)}{x+9} = 6$

$(x+3)(x+4) = 6(x+9)$

$x^2 + 7x + 12 = 6x + 54$

$x^2 + x - 42 = 0$

$x_{1,2} = -\dfrac{p}{2} \pm \sqrt{\left(\dfrac{p}{2}\right)^2 - q}$

$x_{1,2} = -\dfrac{1}{2} \pm \sqrt{\left(\dfrac{1}{2}\right)^2 + 42}$ $x_1 = -\dfrac{1}{2} + 6{,}5 = 6$

Keine Lösung: $x_2 = -\dfrac{1}{2} - 6{,}5 = -7$

$L = \{6\}$

3 Logarithmen

28. Löse die Gleichungen.

a) $\lg(x+2) + \lg(x-3) = 1{,}1461...$
b) $2\cdot\lg(29-x) - \lg(41-x) = 1{,}2041...$
c) $\lg(9x+7) - \lg(3-x) = 1{,}39794...$
d) $\lg(x^2-1) - \lg(x-1) = 2 + \lg 10$

29.
a) $\lg(x+5) + \lg(x+3) - \lg(x+1) = \lg 4 + \lg x$
b) $2\cdot\lg(x+3) - \lg(x-3) = 1{,}43136$
c) $\lg(x+2) + \lg(3-x) = \lg 4$
d) $\lg(x-1) + \lg(x+5) = 0{,}84509...$
e) $\lg(4x) + \lg(6x) = \lg(8x-5) + \lg(3x+5)$
f) $\lg(x+1) + \lg(x+5) - \lg(x+2) = 0{,}60205...$

30.
a) $4\lg a^2 - 3\lg x + \lg b^4 = 5\lg b - \lg x^2 + \lg a^7$
b) $2\lg(x+3) + 3\lg 2 = \lg(x^2-9) + 2\lg 4$
c) $\lg(5x+2) - \lg(x-4) = 0{,}8451$
d) $2\lg(6x-2) = \lg(9x-8) + \lg(4x+2)$

① a) $3\cdot 4^x = 2\cdot 5^x$
   b) $3\cdot 4^{2x} = 4\cdot 3^{2x}$
   c) $7\cdot 3^{x+2} = 3\cdot 8^{2x-3}$
   d) $3^x \cdot 2^{2x+2} = 5$
   e) $3^x \cdot 5^{2x+1} = 8^{x+1}$
   f) $5^x \cdot 2^{1-x} = 1$

② a) $27^{4x-2} \cdot 8^{2-4x} = 16^{4-2x} \cdot 9^{4x-3}$
   b) $8^{3x-4} \cdot 27^{3x+1} = 9^{2+4x} \cdot 4^{4x-5}$
   c) $16^{3x-2} \cdot 4^x = 8^{x+1}$
   d) $\dfrac{3^{2x-2}}{27^{1-x}} = 9^{3x+1}$

③ a) $2\cdot\lg(3x-4) = \lg 5 + \lg\left(2x - \dfrac{18}{5}\right) + \lg x$
   b) $\lg(x+2) - \lg(x+3) + \lg(x+5) = 0{,}30102$

④ a) $\lg x = 3 - \lg 40$
   b) $\log_5(\log_3 x) = 0$
   c) $\log_3(\log_4 x) - 1 = 0$
   d) $\log_3[\log_2(\lg x)] = 0$

⑤ a) $\log_2 8(5x+3) - \log_2(7x+1) = 3$
   b) $\lg x^3 + 2\lg x^2 = 6{,}426$

Logarithmus

Der Logarithmus von a zur Basis b ($\log_b a$) ist der Exponent x, mit dem man die Basis b potenzieren muss, um a zu erhalten: $\log_b a = x \Leftrightarrow b^x = a$ mit a,b>0 und b≠1.
Die Zahl a heißt Numerus.

Beispiele: $\log_4 64 = 3$, denn $4^3 = 64$. $\qquad \log_2 \dfrac{1}{8} = -3$, denn $2^{-3} = \left(\dfrac{1}{2}\right)^3 = \dfrac{1}{8}$.

Zehnerlogarithmus

Für Logarithmen zur Basis 10 wird folgende Schreinweise vereinbart: $\log_{10} b = \lg b$.

Beispiele: $\lg 1000 = 3$, denn $10^3 = 1000$. $\qquad \lg 0{,}01 = -2$, denn $10^{-2} = \left(\dfrac{1}{10}\right)^2 = 0{,}01$.

Logarithmengesetze

❶ $\log_b(u \cdot v) = \log_b u + \log_b v$

  b>0 und b≠1 ; u,v>0

  Beispiel:
  $\log_5(25 \cdot 5) = \log_5 25 + \log_5 5 = 2 + 1 = 3$

❷ $\log_b\left(\dfrac{u}{v}\right) = \log_b u - \log_b v$

  b>0 und b≠1 ; u,v>0

  Beispiel:
  $\log_4\left(\dfrac{64}{16}\right) = \log_4 64 - \log_4 16 = 3 - 2 = 1$

❸ $\log_b a^z = z \log_b a$

  b>0 und b≠1 ; a>0 ; z∈ℝ

  Beispiel:
  $\log_3(81)^3 = 3 \cdot \log_3 81 = 3 \cdot 4 = 12$

Exponentialgleichungen

Gleichungen, in denen die Lösungsvariable im Exponenten vorkommt, heißen Exponentialgleichungen. Sie werden durch **Logarithmieren** gelöst.

$$5^x = 3125 \Leftrightarrow \lg 5^x = \lg 3125 \Leftrightarrow x \lg 5 = \lg 3125 \Leftrightarrow x = \dfrac{\lg 3125}{\lg 5} = 5$$

Logarithmusgleichungen

Gleichungen, in denen der Logarithmus der Lösungsvariablen vorkommt, heißen Logarithmusgleichungen. Sie werden durch **Entlogarithmieren** gelöst.

$$\lg 5 + \lg x = \lg 3 \Leftrightarrow \lg x = \lg 3 - \lg 5 \Leftrightarrow \lg x = \lg\left(\dfrac{3}{5}\right) \Leftrightarrow x = \dfrac{3}{5}$$